21世纪高等学校机械设计制造及其自动化专业系列教材

移动机器人数字孪生工程实践

主　编　谢远龙　王书亭
副主编　熊体凡　李　虎

华中科技大学出版社
中国·武汉

内容简介

本书以移动机器人数字孪生建模和应用工程案例为主线，以项目化形式介绍了移动机器人数字孪生的相关知识。全书分为两部分。第一部分为绪论；第二部分为第1～5章，共涉及5个项目，分别为移动机器人本体模型构建、构建移动机器人规划控制算法优化服务框架、基于数字孪生模型的规划算法工程实践、基于数字孪生模型的控制算法工程实践、基于数字孪生模型的柔性生产线工程实践。

本书可作为机械类专业、自动化专业移动机器人相关课程的教材，也可供移动机器人领域工程技术人员参考。

图书在版编目(CIP)数据

移动机器人数字孪生工程实践 / 谢远龙，王书亭主编. -- 武汉：华中科技大学出版社，2025.5. --（21世纪高等学校机械设计制造及其自动化专业系列教材）. -- ISBN 978-7-5772-1747-5

Ⅰ. TP242

中国国家版本馆CIP数据核字第2025UY7620号

移动机器人数字孪生工程实践	谢远龙　王书亭　主编
Yidong Jiqiren Shuzi Luansheng Gongcheng Shijian	

策划编辑：万亚军
责任编辑：程　青
封面设计：原色设计
责任监印：朱　玢
出版发行：华中科技大学出版社(中国·武汉)　　　电话：(027)81321913
　　　　　武汉市东湖新技术开发区华工科技园　　　邮编：430223
录　　排：武汉三月禾文化传播有限公司
印　　刷：武汉市洪林印务有限公司
开　　本：787mm×1092mm　1/16
印　　张：13
字　　数：338千字
版　　次：2025年5月第1版第1次印刷
定　　价：39.80元

本书若有印装质量问题，请向出版社营销中心调换
全国免费服务热线：400-6679-118　竭诚为您服务
版权所有　侵权必究

21 世纪高等学校
机械设计制造及其自动化专业系列教材
编审委员会

顾问： 姚福生　　　　　黄文虎　　　　　张启先
　　　　（工程院院士）　（工程院院士）　（工程院院士）

　　　　谢友柏　　　　　宋玉泉　　　　　艾　兴
　　　　（工程院院士）　（科学院院士）　（工程院院士）

　　　　熊有伦
　　　　（科学院院士）

主任： 杨叔子　　　　　周　济　　　　　李培根
　　　　（科学院院士）　（工程院院士）　（工程院院士）

　　　　丁　汉
　　　　（科学院院士）

委员： （按姓氏笔画顺序排列）

　　　　于骏一　王书亭　王安麟　王连弟　王明智
　　　　毛志远　左武炘　卢文祥　师汉民　朱承高
　　　　刘太林　杜彦良　李　斌　杨家军　吴昌林
　　　　吴　波　吴宗泽　何玉林　何岭松　冷增祥
　　　　张春林　张健民　张　策　张福润　陈心昭
　　　　陈　明　陈定方　陈康宁　范华汉　周祖德
　　　　姜　楷　洪迈生　殷国富　宾鸿赞　黄纯颖
　　　　傅水根　童秉枢　廖效果　黎秋萍　戴　同

秘书： 俞道凯　万亚军

21世纪高等学校
机械设计制造及其自动化专业系列教材

总序一

"中心藏之,何日忘之",在新中国成立60周年之际,时隔"21世纪高等学校机械设计制造及其自动化专业系列教材"出版9年之后,再次为此系列教材写序时,《诗经》中的这两句诗又一次涌上心头。衷心感谢作者们的辛勤写作,感谢多年来读者对这套系列教材的支持与信任,感谢为这套系列教材出版与完善作过努力的所有朋友们。

追思世纪交替之际,华中科技大学出版社在众多院士和专家的支持与指导下,根据1998年教育部颁布的新的普通高等学校专业目录,紧密结合"机械类专业人才培养方案体系改革的研究与实践"和"工程制图与机械基础系列课程教学内容和课程体系改革研究与实践"两个重大教学改革成果,约请全国20多所院校数十位长期从事教学和教学改革工作的教师,经多年辛勤劳动编写了"21世纪高等学校机械设计制造及其自动化专业系列教材"。这套系列教材共出版了20多本,涵盖了"机械设计制造及其自动化"专业的所有主要专业基础课程和部分专业方向选修课程,是一套改革力度比较大的教材,集中反映了华中科技大学和国内众多兄弟院校在改革机械工程类人才培养模式和课程内容体系方面所取得的成果。

这套系列教材出版发行9年来,已被全国数百所院校采用,受到了教师和学生的广泛欢迎。目前,已有13本列入普通高等教育"十一五"国家级规划教材,多本获国家级、省部级奖励。其中的一些教材(如《机械工程控制基础》《机电传动控制》《机械制造技术基础》等)已成为同类教材的佼佼者。更难得的是,"21世纪高等学校机械设计制造及其自动化专业系列教材"也已成为一个著名的丛书品牌。9年前为这套教材作序的时候,我希望这套教材能加强各兄弟院校在教学改革方面的交流与合作,对机械工程类专业人才培养质量的提高起到积极的促进作用,现在看来,这一目标很好地达到了,让人倍感欣慰。

李白讲得十分正确:"人非尧舜,谁能尽善?"我始终认为,金无足赤,人无完人,文无完文,书无完书。尽管这套系列教材取得了可喜的成绩,但毫无疑问,这套书中,某本书中,这样或那样的错误、不妥、疏漏与不足,必然会存在。何况形势总在不断地发展，更需要进一步来完善，与时俱进，奋发前进。较之9年前，机械工程学科有了很大的变化和发展，为了满足当前机械工程类专业人才培养的需要，华中科技大学出版社在教育部高等学校机械学科教学指导委员会的指导下，对这套系列教材进行了全面修订，并在原基础上进一步拓展，在全国范围内约请了一大批知名专家，力争组织最好的作者队伍，有计划地更新和丰富"21世纪高等学校机械设计制造及其自动化专业系列教材"。此次修订可谓非常必要，十分及时，修订工作也极为认真。

"得时后代超前代，识路前贤励后贤。"这套系列教材能取得今天的成绩，是几代机械工程教育工作者和出版工作者共同努力的结果。我深信，对于这次计划进行修订的教材，编写者一定能在继承已出版教材优点的基础上，结合高等教育的深入推进与本门课程的教学发展形势，广泛听取使用者的意见与建议，将教材凝练为精品；对于这次新拓展的教材，编写者也一定能吸收和发展原教材的优点，结合自身的特色，写成高质量的教材，以适应"提高教育质量"这一要求。是的，我一贯认为我们的事业是集体的，我们深信由前贤、后贤一起一定能将我们的事业推向新的高度！

尽管这套系列教材开始陆续出版与全面的修订，但真理不会穷尽，认识不是终结，进步没有止境。"嘤其鸣矣，求其友声"，我们衷心希望同行专家和读者继续不吝赐教，及时批评指正。

是为之序。

中国科学院院士

2009.9.9

21世纪高等学校
机械设计制造及其自动化专业系列教材

总序二

制造业是立国之本，兴国之器，强国之基。当今世界正处于以数字化、网络化、智能化为主要特征的第四次工业革命的起点，世界各大强国无不把发展制造业作为占据全球产业链和价值链高端位置的重要抓手，并先后提出了各自的制造业国家发展战略。我国要实现加快建设制造强国、发展先进制造业的战略目标，就迫切需要培养、造就一大批具有科学、工程和人文素养，具备机械设计制造基础知识，以及创新意识和国际视野，拥有研究开发能力、工程实践能力、团队协作能力，能在机械制造领域从事科学研究、技术研发和科技管理等工作的高级工程技术人才。我们只有培养出一大批能够引领产业发展、转型升级和创造新兴业态的创新人才，才能在国际竞争与合作中占据主动地位，提升核心竞争力。

自从人类社会进入信息时代以来，随着工程科学知识更新速度加快，高等工程教育面临着学校教授的课程内容远远落后于工程实际需求的窘境。目前工业互联网、大数据及人工智能等技术正与制造业加速融合，机械工程学科在与电子技术、控制技术及计算机技术深度融合的基础上还需要积极应对制造业正在向数字化、网络化、智能化方向发展的现实。为此，国内外高校纷纷推出了各项改革措施，实行以学生为中心的教学改革，突出多学科集成、跨学科学习、课程群教学、基于项目的主动学习的特点，以培养能够引领未来产业和社会发展的领导型工程人才。我国作为高等工程教育大国，积极应对新一轮科技革命与产业变革，在教育部推进下，基于"复旦共识""天大行动"和"北京指南"，各高校积极开展新工科建设，取得了一系列成果。

国家"十四五"规划纲要提出要建设高质量的教育体系。而高质量的教育体系，离不开高质量的课程和高质量的教材。2020年9月，教育部召开了在我国教育和教材发展史上具有重要意义的首届全国教材工作会议。近年来，包括华中科技大学在内的众多高校的机械工程专业结合自身的办学特色，引入先进的教育理念，在专业建设、人才培养模式、教学内容、教学方法、课程建设等方面积极开展教学改革，取得了较好的效果，建设了一大批优质课程。为了将这些优秀的教学改革经验和教学内容推广给全国高校，华中科技大学出版社联合华中科技大学在内的一批高校，在"21世纪高等学校机械设计制造及其自动化专业系列教材"的基础上，再次组织修订和编写了一批教材，以支持我国机械工程专业的人才培养。具体如下：

(1) 根据机械工程学科基础课程的边界再设计，结合未来工程发展方向修订、整合一批经典教材，包括将画法几何及机械制图、机械原理、机械设计整合为机械设计理论与方法系列教材等。

(2) 面向制造业的发展变革趋势，积极引入工业互联网及云计算与大数据、人工智能技术，并与机械工程专业相关课程融合，新编写智能制造、机器人学、数字孪生技术等教材，以开阔学生视野。

(3) 以学生的计算分析能力和问题解决能力、跨学科知识运用能力、创新（创业）能力培养为导向，建设机械工程学科概论、机电创新决策与设计等相关课程教材，培养创新引领型工程技术人才。

同时，为了促进国际工程教育交流，我们也规划了部分英文版教材。这些教材不仅可以用于留学生教育，也可以满足国际化人才培养需求。

需要指出的是，随着以学生为中心的教学改革的深入，借助日益发展的信息技术，教学组织形式日益多样化；本套教材将通过互联网链接丰富多彩的教学资源，把各位专家的成果展现给各位读者，与各位同仁交流，促进机械工程专业教学改革的发展。

随着制造业的发展、技术的进步，社会对机械工程专业人才的培养还会提出更高的要求；信息技术与教育的结合，科研成果对教学的反哺，也会促进教学模式的变革。希望各位专家同仁提出宝贵意见，以使教材内容不断完善提高；也希望通过本套教材在高校的推广使用，促进我国机械工程教育教学质量的提升，为实现高等教育的内涵式发展贡献一份力量。

中国科学院院士

2021 年 8 月

前 言

在"工业 4.0"浪潮下,全球各行业正经历着前所未有的数字化转型。数字孪生技术作为这一转型的关键推动力,正在改变着我们理解和管理物理系统的方式。数字孪生通过在虚拟环境中创建与物理实体高度一致的数字模型,并将其与实时数据流同步,不仅能够实现对物理世界的精准感知,还可以进行预测性维护、优化决策和远程控制。特别是在移动机器人这一迅速发展的领域,数字孪生技术为机器人系统的设计、运行与维护提供了全新的视角与方法。

移动机器人在工业自动化、物流仓储、服务业等领域中扮演着越来越重要的角色。与传统的静态设备不同,移动机器人需要在动态环境中进行自主决策、路径规划和行为控制。随着任务复杂度的增加和工作环境多变性的提高,如何确保机器人系统在不确定环境中的高效性和可靠性,成为机器人研究和工程实践中的核心问题。传统的设计与调度方法往往难以适应环境变化与系统自我优化的需求。数字孪生技术的引入,使得我们能够在虚拟空间中创建出精确的机器人模型,实时捕捉机器人与其环境之间的交互,进行仿真和预测,从而有效提升机器人的性能和适应能力。

数字孪生技术在移动机器人中的应用,能够为机器人提供更加智能的决策支持。通过与机器人硬件、传感器和执行器深度集成,数字孪生体可以实时监控机器人的运行状态,检测潜在问题并提前预测故障,极大地提升系统的可靠性与安全性。同时,通过虚拟模型的不断优化,数字孪生为机器人在复杂和动态环境下的路径规划、控制策略和任务调度提供了更加精准的支持。尤其是在多机器人协同作业、复杂工业生产线等领域,数字孪生技术有助于提高机器人系统的自适应能力、灵活性和效率。

本书旨在为读者系统地介绍移动机器人数字孪生的建模方法、技术实现和实际应用。通过 5 个具有代表性的工程项目,本书不仅展示了数字孪生技术如何从理论走向实践,还深入探讨了如何将这一技术有效应用于移动机器人系统的设计、规划、控制和优化。全书分为两部分。第一部分为绪论;第二部分为第 1~5 章,共涉及 5 个项目,分别为移动机器人本体模型构建、构建移动机器人规划控制算法优化服务框架、基于数字孪生模型的规划算法工程实践、基于数字孪生模型的控制算法工程实践、基于数字孪生模型的柔性生产线工程实践。每个项目都以工程实践为主线,结合真实案例,从建模、仿真、算法设计到系统集成,逐步解析数字孪生技术在机器人领域中的具体应用。通过这 5 个项目的学习,读者不仅能够掌握数字孪生的核心理论和技术,还能通过工程实践深入理解如何将这些技术应用于真实世界的移动机器人系统。无论是研究人员、工程师,还是对数字孪生和机器人技术感兴趣的学习者,都能从本书中获得丰富的知识和实践经验,从而更好地理解并应用这一前沿技术。

本书的编写工作由华中科技大学的谢远龙副教授、王书亭教授、熊体凡博士、李虎博士等主持完成。此外,华中科技大学机械科学与工程学院的研究人员,如肖瑞康、张鑫、张鸿洋、吴昊等,也为本书的完成做了大量的整理和编辑工作。正是有了这些学者的共同努力,本书才能顺利呈现给读者,帮助读者更好地理解和应用数字孪生技术。

　　在编写本书的过程中,我们尽力将复杂的技术问题以简明易懂的方式呈现,力求帮助读者在较短时间内掌握数字孪生技术的精髓,提升其在移动机器人领域的工程实践能力。希望本书能够成为读者进入数字孪生与机器人应用领域的有力工具,并激发更多创新与实践。尽管本书尽力涵盖了数字孪生在移动机器人领域中的重要知识和工程实践,然而由于技术的迅速发展以及领域的复杂性,本书难免存在不足与局限。某些内容可能未能涵盖最新的研究成果或存在不够完善之处,个别理论和实践方法可能也存在局限性。因此,恳请读者在使用本书时提出宝贵的意见和批评指正,以促进本书不断完善。我们期待与广大读者共同探索和推动数字孪生与机器人应用领域的发展。

编　者
2024 年 11 月

目　　录

绪论 ··· (1)
　0.1　工业数字孪生简介 ·· (1)
　　　0.1.1　数字孪生的概念 ··· (1)
　　　0.1.2　数字孪生的技术特征 ··· (1)
　0.2　工业数字孪生的应用场景 ·· (2)
　　　0.2.1　数字化设计 ·· (2)
　　　0.2.2　数字孪生机床 ·· (4)
　　　0.2.3　智慧工厂 ··· (5)
　　　0.2.4　智能运维 ··· (6)

第 1 章　移动机器人本体模型构建 ··· (8)
　1.1　移动机器人数学模型构建 ·· (9)
　　　1.1.1　移动机器人预备知识 ··· (9)
　　　1.1.2　移动机器人运动学模型构建 ·· (10)
　　　1.1.3　移动机器人动力学模型构建 ·· (11)
　1.2　移动机器人数字孪生模型构建 ·· (12)
　　　1.2.1　数字孪生模型构建准备工作 ·· (12)
　　　1.2.2　移动机器人几何模型构建 ·· (14)
　　　1.2.3　移动机器人物理模型构建 ·· (18)
　　　1.2.4　移动机器人孪生测试平台构建 ··· (22)
　1.3　移动机器人孪生数据处理 ·· (27)
　　　1.3.1　认识 MySQL ··· (27)
　　　1.3.2　准备工作 ·· (27)
　　　1.3.3　Unity 与 MySQL 通信构建 ·· (31)
　1.4　移动机器人孪生模型实机通信 ··· (35)
　　　1.4.1　TCP 原理 ·· (35)
　　　1.4.2　Qt 基本知识 ··· (36)
　　　1.4.3　基于 Qt 的 TCP 通信准备工作 ··· (37)

第 2 章　移动机器人规划控制算法优化服务框架 ··· (46)
　2.1　轨迹规划算法优化服务模块 ··· (46)
　　　2.1.1　规划模块 UI 面板设计及初始准备 ·· (46)
　　　2.1.2　规划模式脚本设计 ··· (48)
　　　2.1.3　规划模块运行 ··· (51)
　2.2　轨迹平滑优化模块 ·· (53)
　　　2.2.1　轨迹优化模块 UI 面板设计及初始准备 ··· (53)

　　　　2.2.2　轨迹优化模块脚本设计 ………………………………………………（54）
　　　　2.2.3　轨迹优化模块运行 …………………………………………………（57）
　　2.3　轨迹跟踪控制算法优化与数据存储模块 ……………………………………（57）
　　　　2.3.1　控制模块 UI 面板设计 ………………………………………………（57）
　　　　2.3.2　控制模块脚本设计 …………………………………………………（58）
　　　　2.3.3　场景复位脚本设计 …………………………………………………（64）
　　2.4　虚实联动通信模块 ……………………………………………………………（65）
　　　　2.4.1　环境配置 ……………………………………………………………（65）
　　　　2.4.2　在 Qt 中构建 TCP 客户端 ……………………………………………（67）
　　　　2.4.3　Qt 连接 MySQL 数据库 ………………………………………………（70）
　　　　2.4.4　代码及通信效果展示 ………………………………………………（74）

第 3 章　移动机器人规划算法工程实践 ………………………………………………（87）
　　3.1　Dijkstra 算法 ……………………………………………………………………（87）
　　　　3.1.1　Dijkstra 算法基本原理 ………………………………………………（87）
　　　　3.1.2　Dijkstra 算法实例 ……………………………………………………（89）
　　3.2　A* 算法 …………………………………………………………………………（95）
　　　　3.2.1　A* 算法基本原理 ……………………………………………………（95）
　　　　3.2.2　A* 算法实例 …………………………………………………………（96）
　　3.3　RRT 算法 ………………………………………………………………………（102）
　　　　3.3.1　RRT 算法基本原理 …………………………………………………（102）
　　　　3.3.2　RRT 算法实例 ………………………………………………………（104）
　　3.4　遗传算法 ………………………………………………………………………（107）
　　　　3.4.1　遗传算法基本原理 …………………………………………………（107）
　　　　3.4.2　遗传算法实例 ………………………………………………………（108）
　　3.5　动态窗口算法 …………………………………………………………………（116）
　　　　3.5.1　动态窗口算法基本原理 ……………………………………………（116）
　　　　3.5.2　动态窗口算法实例 …………………………………………………（118）
　　3.6　人工势场算法 …………………………………………………………………（127）
　　　　3.6.1　人工势场算法基本原理 ……………………………………………（127）
　　　　3.6.2　人工势场算法实例 …………………………………………………（129）

第 4 章　移动机器人控制算法工程实践 ………………………………………………（136）
　　4.1　PID 控制算法 …………………………………………………………………（136）
　　　　4.1.1　基本原理 ……………………………………………………………（136）
　　　　4.1.2　算法实例 ……………………………………………………………（137）
　　4.2　滑模控制算法 …………………………………………………………………（141）
　　　　4.2.1　基本原理 ……………………………………………………………（141）
　　　　4.2.2　算法案例 ……………………………………………………………（143）
　　4.3　模糊控制算法 …………………………………………………………………（146）
　　　　4.3.1　基本原理 ……………………………………………………………（146）
　　　　4.3.2　算法案例 ……………………………………………………………（148）

4.4 模型预测控制算法 …………………………………………………………… (148)
    4.4.1 基本原理 ……………………………………………………………… (148)
    4.4.2 算法案例 ……………………………………………………………… (150)
4.5 迭代学习控制算法 …………………………………………………………… (154)
    4.5.1 基本原理 ……………………………………………………………… (154)
    4.5.2 算法案例 ……………………………………………………………… (156)

第5章 移动机器人柔性生产线工程实践 …………………………………………… (160)
5.1 柔性生产线预备知识 ………………………………………………………… (160)
    5.1.1 传统自动化生产线建设模式 ………………………………………… (160)
    5.1.2 智能柔性自动化生产线建设模式 …………………………………… (160)
    5.1.3 基于数字孪生技术的智能生产模式 ………………………………… (161)
5.2 柔性生产线仿真系统架构 …………………………………………………… (161)
    5.2.1 物理层 ………………………………………………………………… (162)
    5.2.2 孪生数据层 …………………………………………………………… (162)
    5.2.3 虚拟层 ………………………………………………………………… (162)
5.3 移动机械臂作业系统数字孪生模型 ………………………………………… (163)
    5.3.1 机械臂行为模型完善 ………………………………………………… (163)
    5.3.2 机械臂控制脚本测试 ………………………………………………… (181)
    5.3.3 移动机器人规则模型补充 …………………………………………… (183)
5.4 柔性生产线仿真系统构建 …………………………………………………… (185)
    5.4.1 生产线组成单元分类 ………………………………………………… (185)
    5.4.2 虚拟生产线构建 ……………………………………………………… (186)
    5.4.3 仿真实例 ……………………………………………………………… (187)

参考文献 …………………………………………………………………………………… (189)

绪　　论

0.1　工业数字孪生简介

0.1.1　数字孪生的概念

数字孪生(digital twin)的概念可以追溯到 2002 年迈克尔·格里夫斯(Michael Grieves)在密歇根大学为建立产品生命周期管理(PLM)中心而向业界做的一次演讲。虽然这一概念当时被称为"镜像空间模型",但是它确实拥有数字孪生体的所有元素:真实空间、虚拟空间、从真实空间到虚拟空间的数据流链接、从虚拟空间到真实空间的信息流链接以及虚拟子空间。随后迈克尔又对数字孪生概念进行了详细定义:数字孪生是一组虚拟信息结构,它从微观原子水平到宏观几何水平全面描述了潜在的或实际的物理制造产品。在最理想的情况下,任何可以由检查实物制造产品获得的信息都可以从其数字孪生体中获得。

随着物联网、大数据、人工智能等新一代高新技术的发展,数字孪生概念得到了极大的推广,导致其原本的定义不足以指导其在不同领域的应用。因此,不同学者为使数字孪生落地于本行业,对数字孪生的定义进行了适用性改进,并进行了具体的数字孪生模型构建。

美国国家航空航天局(NASA)对航天飞行器数字孪生的定义:数字孪生是一种集成的多物理场、多尺度、概率模拟的飞行器或系统,它使用最优的可用物理模型、传感器更新、机队历史等,来反映其飞行孪生体的状态。

陶飞对生产车间数字孪生的定义:通过物理车间与虚拟车间的双向真实映射与实时交互,实现物理车间、虚拟车间、车间服务系统的全要素、全流程、全业务数据的集成和融合,在车间孪生数据的驱动下,实现车间生产要素管理、生产活动计划、生产过程控制等在物理车间、虚拟车间、车间服务系统间的迭代运行,从而在满足特定目标和约束的前提下,达到车间生产和管控最优的一种车间运行新模式。

不同于现在已有的数字孪生案例,本书内容聚焦于数字孪生在工业移动机器人领域的应用,为加速移动机器人的生产实践和优化产线的管理提供有益探索。

0.1.2　数字孪生的技术特征

1. 高保真模拟

数字孪生系统在模拟现实世界过程时能够以高度准确和精细的方式呈现其特征和行为,这包括对物理、化学、生物等多个领域的系统进行数字化建模,使得数字孪生系统能够在虚拟环境中准确模拟真实世界的各种复杂情景和变化。通过高保真模拟,数字孪生技术能够提供可靠的预测、分析和优化功能,帮助实际系统的设计、运行和维护。这种特性使数字孪生成为跨多个行业的强大工具,从工程领域到医疗保健,为决策者提供全面、可信赖的信息基础。

2. 灵活鲁棒

数字孪生展现出卓越的灵活鲁棒特性,其灵活性表现在其能够适应多样化的环境和应用场景。通过灵活的配置和定制,数字孪生模型能够模拟不同行业、领域或具体任务的系统,从而满足广泛的用户需求。无论是工业制造、医疗保健还是城市规划领域,数字孪生都能灵活应对,为不同行业提供高度个性化的模拟解决方案。同时,数字孪生的鲁棒性使其能够在面对复杂和不确定的现实世界情境时依然稳定运行。不论环境如何变化或出现未知因素,数字孪生系统都能够保持准确的模拟和预测能力,为用户提供可靠的决策支持。这种灵活鲁棒性使得数字孪生在应对快速变化和多样性的挑战时显得异常强大,为各行业提供了强有力的工具以推动创新和优化。

3. 实时双向连接

利用数字孪生技术能够建立即时且双向的数据交流通道,使得物理系统与数字模型之间能够实现紧密的互动和同步。通过这种特性,数字孪生能够实时获取来自现实世界的数据,将其反馈到模型中并进行动态更新。同时,数字孪生模型的结果也能够实时传输到物理系统中,实现对实际过程的实时调整和优化。这种实时双向连接使得数字孪生不再是静态的模拟工具,而是一个与实际系统保持紧密互动的动态平台。在制造业中,这意味着能够实时监测生产线的状态并进行及时调整。这种特性不仅提高了数字孪生的逼真度,也使其更具实用性和响应性,为各个领域的决策者提供了更为灵活和高效的工具。

4. 全局互联集成

数字孪生的全局互联集成特性表现在其能够将多个系统、数据源和模型全面整合,实现全局性的互联。这种集成特性使得数字孪生能够跨足不同领域和多个层面,将各种信息和模型相互关联,形成一个综合且全面的视图。通过全局互联集成,数字孪生能够更好地模拟和分析复杂系统的相互影响,提供更全局、全面的决策支持。在制造业中,数字孪生能够将生产、供应链、质量控制等多个环节连接起来,实现整体生产过程的协同优化。这种全局互联集成特性不仅提高了系统的整体性能,也为决策者提供了更全面、综合的信息,助力于更精准的决策和规划。

0.2 工业数字孪生的应用场景

工业数字孪生技术通过虚拟建模、产品全生命周期管理和促进跨领域合作等手段,实现对物理系统的深刻理解和决策支持,推动产业的创新、效率提升和业务转型。通过工业数字孪生技术,能够构建数字化运营的解决方案,实现工业产品从设计、制造到运维的全方位控制与优化。

0.2.1 数字化设计

在产品设计研发阶段,利用数字孪生技术可以提高设计的准确性,并可通过数字孪生场景模拟和验证产品在真实环境中的性能。这个阶段的数字孪生应用主要体现在以下两个方面:

1. 数字孪生模型设计和模拟仿真

数字孪生在数字化设计中发挥着关键作用,特别是从模型设计和模拟仿真的角度。在数字孪生模型设计方面,它允许设计师创建实体的虚拟副本,作为数字化的原型,降低了制造实际原型的成本并缩短了时间。这使得设计师能够更全面地理解和优化产品或系统,包括多层次的模型细节,高度可视化和交互性的特点,以及多学科集成的优势。数字孪生模型还支持即时反馈与改进,使得设计过程更加灵活和高效。

在数字孪生模拟仿真方面,其作用体现在性能优化、可靠性评估、故障诊断和维护规划、环境影响评估、实时监测和控制、风险评估等方面。通过模拟仿真,设计师可以在实际制造之前对产品或系统的性能进行优化,评估可靠性和耐久性,提前规划维护策略,评估环境影响,实时监测设备运行状况,并评估潜在风险。这为设计团队提供了全面的数据和模拟结果,支持更明智的决策和更有效的设计过程。

2. 迭代创新与持续优化

数字孪生能够促进数字化设计的迭代创新和持续优化。通过数字孪生的虚拟环境,工程师能够实现快速原型设计,加快设计迭代的速度,使团队能够更灵活地尝试新的创意和方案。实时反馈和修改功能使设计师能够根据实际需求和市场反馈迅速调整设计,支持敏捷开发。数字孪生模型的多学科集成特点促进了跨学科的协同创新,融合了各个专业领域的创新观点。同时,数字孪生通过仿真模拟支持持续的性能优化,确保产品在不断变化的市场和技术环境中保持竞争力。预测性维护计划和实时监测功能有助于缩短停机时间,提高生产效率。通过数字孪生环境影响评估,工程师能够在设计阶段评估产品对环境的影响,从而采用更环保的材料和生产流程,符合可持续发展的要求。总体而言,数字孪生通过迭代创新与持续优化,促进了数字化设计过程的灵活性、高效性和可持续性。

目前达索、PTC、波音等公司已经在产品设计中引入数字孪生技术,打造产品设计数字孪生体。如图 0.1 所示,数字孪生体在数字化设计中的作用涵盖了物理实体、孪生数据、孪生模型和孪生应用之间的全面关系。物理实体是真实存在的产品、设备或系统,而孪生数据是通过传感器和其他数据源实时收集的与物理实体相关的数据。这些数据通过数字孪生模型进行整合和模拟,构建了物理实体的虚拟副本。数字孪生模型反映了物理实体的结构、性能和行为,在数字化设计中发挥着关键作用。

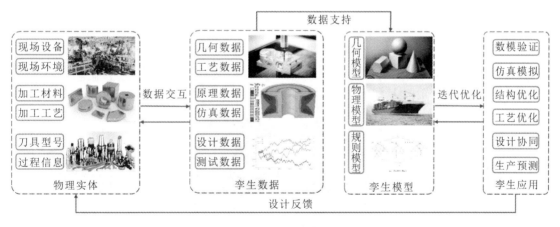

图 0.1 数字孪生指导数字化设计

数字孪生产品模型通过提供虚拟的实体表示,支持多方面的应用。首先,它可促进实时监测和控制,使得设计师和工程师能够随时了解物理实体的状态。其次,数字孪生模型支持迭代创新,设计师可以在虚拟环境中快速测试新的设计概念,实时获取反馈,从而加速设计迭代的过程。此外,数字孪生模型还通过仿真模拟功能,帮助工程师评估和优化产品的性能,并进行环境影响评估。这有助于实现持续优化,确保产品在不断变化的市场和技术环境中保持竞争力。

0.2.2 数字孪生机床

数字孪生已经被认为是机床智能化的关键使能技术，其能够从不同维度赋能机床的智能化。数字孪生的建模方法主要包括基于机理的方法、数据驱动方法和机理-数据混合驱动方法，为机床的数字建模提供了参考。数字孪生的双向映射包括从实到虚和从虚到实的映射，其中机床通过感知各类数据并将其传输至数字空间即为从实到虚的映射，将数字空间的决策与优化指令反馈至物理空间即为从虚到实的映射。机床动态采集、传输和反馈各类信息正是数字孪生双向映射的具体体现，机床与其他装备、系统和云平台等的通信网络是数字孪生双向映射的技术基础，利用数字孪生技术对物理实体性能状态的动态预测以及对物理实体的主动干预是实现机床自主分析、优化与控制的有效途径。在机床运行过程中，数字孪生模型始终保持与物理实体或工艺过程同步共生，当机床及其性能状态发生变化时，数字孪生模型能够随之演变，该演变也能促进提升机床的智能化水平，即数字-物理空间同步共生是机床自主适应环境变化的基础。

数字孪生机床是机床智能化的具体体现，其是一种具备自感知、自学习、自决策、自交互、自执行、自适应等功能特征的高性能数控机床，如图0.2所示。自感知指数字孪生机床能够自主感知运行过程中的多源异构数据，如位移、速度、电流、电压、切削力、振动等数据；自学习指数字孪生机床能够对多源异构数据进行处理分析与建模学习，如数据预处理、数据融合、机器学习等；自决策指数字孪生机床能够基于学习模型对机床性能进行动态预测，并形成面向机床性能的决策指令，如状态监测、故障诊断、性能预测、参数优化指令等；自交互指数字孪生机床与物理空间软硬件设备的横向交互和垂向交互，以及物理空间与数字空间的虚实交互等；自执行指数字孪生机床能够根据决策指令自主控制运行过程，如智能插补、伺服整定、误差补偿等；自适应指当加工工况与机床状态发生改变时，数字孪生机床能够自主调整以适应上述改变，以保持机床的高性能，如位姿变化、负载质量变化、机床故障等。

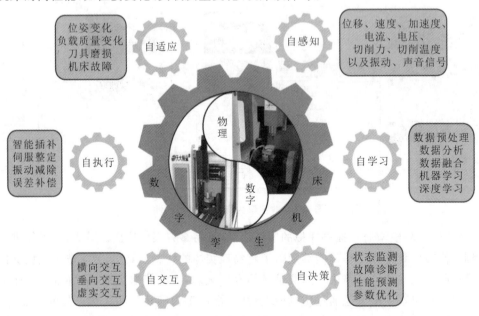

图0.2 数字孪生机床概念

图 0.3 所示为一数字孪生智能机床的实例。新一代智能机床融合了数字孪生、工业互联网、大数据、云计算和人工智能等先进技术,展现了令人瞩目的发展前景。通过数字孪生技术,机床实现了自主感知,能够准确获取工作环境和状态信息。其自主学习能力使其能够通过对数据的深度分析,不断提升工作效率和精度,逐渐适应不同生产任务。同时,借助工业互联网和大数据,机床能够实时获取并处理全球范围内的制造数据,为决策提供科学依据。云计算为智能机床提供了强大的计算和存储支持,使其能够处理海量的数据,实现更复杂的任务。而人工智能技术的应用使机床具备自主优化与决策的能力,能够根据实时变化的生产状况做出智能化的决策,实现生产过程的自主控制与执行。这种深度融合各种技术的智能机床不仅提高了生产效率和产品质量,还为制造业注入了更为灵活和智能的元素,引领工业制造的未来发展。

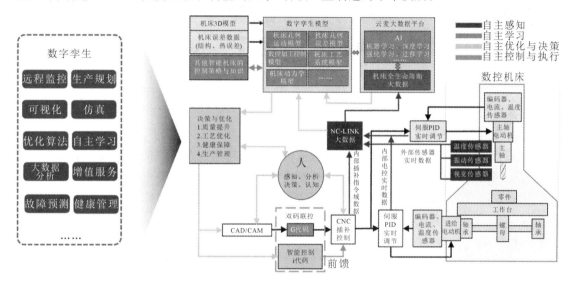

图 0.3 数字孪生智能机床实例

0.2.3 智慧工厂

工厂作为制造业的基础单元,其在生产过程、人员管理、设备维护等方面的特性是动态且复杂的。基于数字孪生技术打造与物理车间相映射的智慧工厂,可推动数据双向动态交互,通过建立统一的工艺数据库来支持规划和工艺人员完成复杂的生产工程管理和优化任务,并根据孪生空间的变化及时调整生产工艺、优化生产参数,提高生产效率。

如图 0.4 所示,智慧工厂基于物理层—连接层—数据层—模型层—服务层的五维模型实现。

1. 物理层

在物理层,以部署于设备、生产线和工作区域的传感器,通过物联网技术将实时数据传输到数字孪生系统,实现工厂数据的实时感知与采集。该层级的关键在于将现实车间的物理信息转换为数字形式,以便后续的分析和优化。

2. 连接层

为确保数字孪生系统数据的可靠性和实时性,连接层通常采用边缘计算结合云计算的方式:一方面,在车间内部部署边缘设备,在本地进行数据处理和分析,减小数据传输的时延;另一方面,将海量数据存储在云端,在减轻本地服务器负担的同时提供高度可扩展的存储和计算资源。

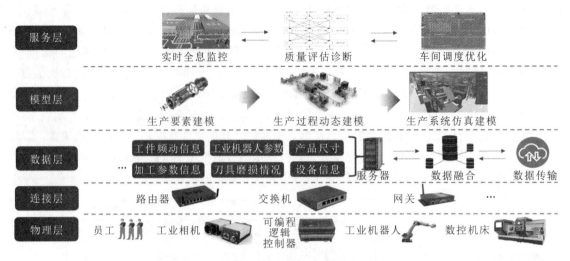

图 0.4 智慧工厂实例

3. 数据层

数据层是数字孪生系统的核心,车间中涉及的数据通常包括设备厂商提供的数据、传感器数据、企业资源计划(ERP)系统数据等。对从传感器和其他数据源收集到的信息需要进行有效的存储,数据存储方案应该具备高度的可扩展性和容错性,以确保即使在大规模数据情况下也能够高效运行。在数据整合过程中,数字孪生系统需要将这些异构数据整合为一致的数字孪生模型,以便更好地理解整个车间的状态。

4. 模型层

在模型层,数字孪生系统从生产要素—生产过程—生产系统仿真角度建立全面、准确的数字化车间模型,从热力学、流体力学、机械运动方面描述车间中的物理过程,监测实际生产过程的同时通过仿真技术在虚拟环境中测试新的生产方案、预测设备寿命、优化工艺流程,从而预测不同操作和决策对生产过程的影响。

5. 服务层

作为数字孪生系统向用户提供功能和应用的接口,服务层的关键在于为用户提供直观、易用的工具,以帮助决策者更好地理解和管理车间的运行状态。通过实时监控画面、生产报告、数据分析图表等向用户展示车间状态,同时结合决策支持系统对模型层的数据进行分析,向工厂管理者提供生产计划优化、设备维护调度及资源分配等方面的决策建议。

通过物理层、连接层、数据层、模型层和服务层的有机结合,数字孪生系统实现了对工厂的全方位数字化,为工厂的智慧化转型提供了强大的支持。智慧工厂在降本增效的同时,促进了工厂的创新和可持续发展,标志着制造业朝着更智能、高效、灵活的方向发展。

0.2.4 智能运维

复杂机电产品在智能制造和基础设施领域中应用广泛,其已成为现代工业和科技发展中不可或缺的组成部分。这类产品通常包括各种工业机械、自动化设备、电力系统等。复杂机电产品运维的核心目标是确保设备的正常运行和维持高效性能,需要运维团队深入了解设备的工作原理、结构和各个组成部分之间的相互关系。通过定期检查和维护,可以预防潜在故障,提高设备的可靠性和稳定性,确保生产过程的连续性。同时,要求运维团队具备良好的故障诊断能力。当设备发生故障时,迅速准确地确定故障原因对于恢复生产至关重要。运维人员需要运用先进的诊断工具和技术,结合自身丰富的经验,迅速找出故障点并采取有效的修复措施。同时,预防性维护也是复杂机电产品运维的重要组成部分,通过定期的保养和检查,避免大规模故障的发生,有助于降低维修成本,延长设备的使用寿命,同时减小生产中断的风险。

基于数字孪生技术实现智能运维,将实时数据与数字孪生模型结合,有助于模拟设备的运行状态并及时发现异常。智能运维系统则通过对大量数据的分析,识别出潜在的故障迹象,并预测设备可能出现的故障类型和时间,使得企业能够在故障发生之前采取预防性的维护措施,最大限度地减少生产中断和损失。如图 0.5 所示,通过状态监测及远程诊断模型,复杂机电产品的维护变得更加智能化和个性化。智能运维系统通过分析历史数据和实时信息,优化维护计划,使得维护更加高效、精确,缩短了不必要的停机时间并减少了维护成本。

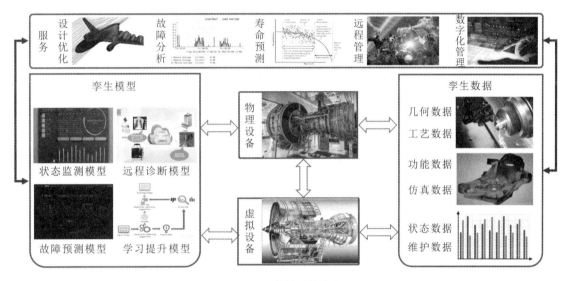

图 0.5 智能运维实例

智能运维系统可模拟不同的生产场景和参数设置,通过对学习提升模型的调整,企业可以优化生产过程,提高生产效率和质量,在实际运营中不断学习和优化,并根据生产需求实时调整设备的运行模式,实现生产线的灵活调度和资源优化。机器学习算法能够从海量数据中学习并识别模式,为智能运维系统提供准确的预测和决策支持。同时,人工智能还可以优化数字孪生模型,使其更贴近实际生产情况,提高模型的准确性和实用性。

当前,通用电气(GE)、空客等公司已实现设备数字孪生体开发并与物理实体同步交付,实现了设备全生命周期数字化管理,同时依托现场数据采集与数字孪生体分析,提供产品故障分析、寿命预测、远程管理等增值服务。

第 1 章　移动机器人本体模型构建

当前全球新一轮制造产业变革兴起,发达国家实施"再工业化"战略,发展中国家积极参与全球产业再分工,制造业的分工格局正发生深刻变化。一方面,在劳动力人口逐渐减少和人口老龄化趋势下,传统制造业劳动力成本持续上涨,使得制造企业积极寻求机器人等设备代替人从事重复性、常规性及高危性工作,从而提高工作效率;另一方面,随着机器人、物联网、大数据及人工智能等先进技术广泛应用于制造业,制造业逐步从传统规模化走向个性定制化,智能制造理念应运而生。《中国制造 2025》提出加快推动新一代信息技术与制造技术融合发展,着力发展智能装备和智能产品,推进生产过程智能化,培育新型生产方式,全面提升企业研发、生产、管理和服务的智能化水平。"十四五"规划强调产业升级,推进产业基础高级化、产业链现代化,加快推进制造强国,着重强调了深入智能制造和绿色制造工程。

移动机器人作为智能制造系统的重要组成部分,正在各行各业发挥着越来越关键的作用。它们不仅提升了自动化水平,还在提高工作效率、减小人力成本方面显示出巨大的潜力。然而,要实现这些先进功能,就必须深入理解和精确构建移动机器人的本体模型。本章旨在详细介绍移动机器人本体模型的构建过程,包括其数学模型、数字孪生平台,以及与实际机器人的通信机制。

本章首先将探讨移动机器人的数学模型构建,从基础知识入手,逐步展开对机器人运动学和动力学模型的详细阐述。这些模型是理解和设计复杂机器人行为的基石。移动机器人运动规划与控制需要基于机器人系统模型来实现。建立合适的描述移动机器人运动关系的系统模型不仅是设计优异运动规划算法的基础,也是实现机器人高性能跟踪控制的前提,这关乎移动机器人数字孪生构建的准确性。

其次,本章将介绍移动机器人数字孪生模型的构建,即利用 Unity 进行移动机器人几何、物理以及行为模型构建的过程。数字孪生作为一种新兴的模拟和预测工具,为机器人的设计和测试提供了一个便捷的平台,通过使用多种传感器、数据采集和分析技术来收集现实中的物理数据,并将其映射到一个数字化的虚拟模型中,让该模型与真实的物理实体保持同步并互相影响。通过建立移动机器人的数字孪生模型,在虚拟环境中进行移动机器人的测试和仿真,可发现潜在问题,减少成本和资源浪费。

再次,本章将介绍孪生数据的处理。MySQL 是一个广泛使用的开源关系型数据库管理系统(RDBMS),它以其速度、可靠性和易用性而闻名。MySQL 使用结构化查询语言(SQL)来管理数据,支持多种操作系统,广泛应用于网站和在线应用程序。使用 MySQL 进行数据存储和管理,以及构建 Unity 与 MySQL 的通信连接对于确保数据准确、实时反映机器人状态至关重要。

最后,本章将阐述机器人孪生模型与实际机器人之间的通信机制,特别是基于 Qt 的传输控制协议(TCP)通信脚本的编辑。Qt 是一个跨平台的应用程序和用户界面框架,用于开发具有图形用户界面(GUI)的软件,同时也支持开发非 GUI 程序,如命令行工具和服务器。利用

Qt 构建移动机器人与实际机器人之间的 TCP 通信脚本可以实现数字孪生技术与实际机器人之间的信息交互。

1.1 移动机器人数学模型构建

移动机器人运动规划与控制,以及其之上的数字孪生系统需要基于机器人系统模型来实现。建立合适的描述移动机器人运动关系的系统模型不仅是设计优异运动规划算法的基础,也是实现机器人高性能跟踪控制的前提,以此为基础构建的数字孪生系统才能较好地反映实际移动机器人的工作状态。

1.1.1 移动机器人预备知识

随着社会发展和科技进步,机器人在当前生产生活中得到了越来越广泛的应用。移动机器人是研发较早的一种机器人,其移动机构主要有轮式、履带式、腿式、蛇行式、跳跃式和复合式。其中履带式具有接地比压小、在松软地面上附着性能和通过性能好、爬楼梯和越障时平稳性好、自复位能力良好等特点。但是履带式移动机构的速度较慢,功耗较大,转向时对地面破坏力大。腿式机器人虽能够满足某些特殊的性能要求,能适应复杂的地形,但其结构自由度太多且机构复杂导致难于控制、移动速度慢、功耗大。蛇行式和跳跃式虽然在对复杂环境和特殊环境的适应性、机动性等方面具有独特的优越性,但也存在一些致命的缺陷,如承载能力、运动平稳性不足等。复合式机器人虽能适应复杂环境或某些特殊环境,但其结构及控制都比较复杂。相比之下,轮式移动机器人虽然具有运动稳定性与路况有很大关系、在复杂地形难以实现精确的轨迹控制等问题,但是由于其具有自重轻、承载大、机构简单、驱动和控制相对方便、行走速度快、机动灵活、工作效率高等优点而被大量应用于工业、农业、反恐防爆、家用服务、空间探测等领域。

在工业领域,轮式移动机器人被广泛应用,主要用途包括自动化物料搬运、智能仓储管理、生产线物流协调等。这些机器人通过配备先进的传感器和导航系统,能够在工厂环境中高效地执行各种任务,例如原材料运输、半成品搬运以及成品分拣等,从而提高生产效率,降低劳动成本,并确保工作场所的安全性。轮式机器人的灵活性和适应性使其成为现代工业自动化领域的重要组成部分,为企业提供了更灵活、智能的生产解决方案。

轮式移动机器人的数学模型构建与其底盘有关,而底盘的分类主要基于转向机制,转向结构主要可以分为以下几种:阿克曼转向、滑动转向、全轮转向、轴-关节式转向及车体-关节式转向。

阿克曼转向是汽车常用的转向机构,使用这种转向方式的汽车有前轮转向前轮驱动和前轮转向后轮驱动两种运动方式。

滑动转向的两侧车轮独立驱动,通过改变两侧车轮速度来实现不同半径的转向甚至原位转向,所以又称为差速转向。滑动转向的轮式移动机器人的结构简单,不需要专门的转向机构,并且,滑动转向结构具有高效性和低成本性。

轮式全方位移动机器人能够在保持车体姿态不变的前提下沿任意方向移动,这种特性使得轮式移动机器人的路径规划、轨迹跟踪等问题变得相对简单,机器人能够在狭小的工作环境中很好地完成任务。四轮全方位转向与驱动机构由于兼具了履带式机器人较强的越野能力和轮式机器人简单高效的特点,在机器人移动平台已获得了越来越广泛的应用。

另一种全方位移动方式是基于全方位移动轮构建的,目前主要的全方位移动轮为麦克纳姆轮。麦克纳姆轮主要应用在三轮及四轮全方位移动机器人上。麦克纳姆轮是瑞典麦克纳姆公司的专利,在它的轮缘上斜向分布着许多小滚子,故轮子可以横向滑移。小滚子的母线很特殊,当轮子绕着固定的轮心轴转动时,各个小滚子的包络线为圆柱面,所以该轮能够连续向前滚动。麦克纳姆轮结构紧凑、运动灵活,是很成功的一种全方位轮。将4个这种轮子组合起来可以使机构实现全方位移动功能。

由于采用轴-关节式转向结构的机器人在转向时车轮转动幅度较大,因此这种转向结构一般不常采用。车体-关节式转向机器人具有转弯半径小、转向灵活的特点。但其转向轨迹难以准确控制,并且在行驶时容易出现前轮和后轮轨迹不一致的现象,需要用其他辅助装置来约束后面车体的自由度。

1.1.2 移动机器人运动学模型构建

移动机器人的运动学模型从几何学角度描述其在空间的位姿随时间变化的运动规律。在运动学建模的过程中,假定轮子与地面间只发生纯滚动而无滑动,机器人的轮胎力、侧倾力和摩擦力等力学因素被忽略,而以运动学几何约束为基础构建形式相对简单、可靠性较高的运动状态方程。研究表明,在地面情况良好且低速行驶工况下,移动机器人的运动学特性较为突出,可以实现有效的轨迹跟踪控制目标。

在本章中讨论的移动机器人的底盘利用差速轮实现转向,因此构建的运动学和动力学模型也是基于差速轮模型的。图1.1所示是基于SolidWorks构建的移动机器人底盘模型,在底盘中轴线上布置有两差速轮,另外在四角布置了没有动力的全向轮。

对于本章所探讨的移动机器人,其运动学模型可以简化为两轮运动学模型。假设移动机器人质心c在两驱动轮轴线中心位置,(x_c, y_c)为机器人的质心坐标,R为驱动轮半径,机器人的位姿向量为$\boldsymbol{P}=(x_c, y_c, \theta)^\mathrm{T}$。移动机器人的底盘模型如图1.2所示。

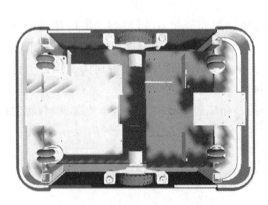
图1.1 移动机器人差速转向底盘

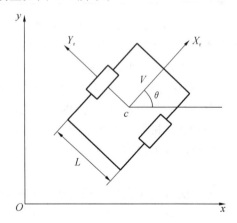
图1.2 两轮差速驱动移动机器人底盘模型

根据刚体力学知识可得两轮差速驱动移动机器人的运动学方程为

$$\begin{pmatrix} v \\ \omega \end{pmatrix} = \begin{pmatrix} 1/2 & 1/2 \\ 1/l & -1/l \end{pmatrix} \begin{bmatrix} v_\mathrm{r} \\ v_\mathrm{l} \end{bmatrix} \tag{1.1}$$

$$\begin{Bmatrix} \dot{x}_c \\ \dot{y}_c \\ \dot{\theta} \end{Bmatrix} = \begin{pmatrix} \cos\theta & 0 \\ \sin\theta & 0 \\ 0 & 1 \end{pmatrix} \begin{pmatrix} v \\ \omega \end{pmatrix} \tag{1.2}$$

其中:v 为机器人质心处的线速度;ω 为机器人的转向角速度;v_r 和 v_l 分别为机器人的右、左驱动轮线速度;θ 为方向角,即机器人的运动方向与 x 轴的夹角;l 为机器人两驱动轮的轮距。

对于图 1.2 所示的两轮差速驱动移动机器人模型,当其满足纯滚动而无滑动的条件时,机器人的运动满足如下约束:

$$\dot{y}_c \cos\theta - \dot{x}_c \sin\theta = 0 \tag{1.3}$$

定义

$$\dot{q} = [\dot{x}_c, \dot{y}_c, \theta]^T, u = [v, \omega]^T, A(q) = [-\sin\theta, \cos\theta, 0], S(q) = \begin{bmatrix} \cos\theta & 0 \\ \sin\theta & 0 \\ 0 & 1 \end{bmatrix}$$

则式(1.2)可改写成:

$$\dot{q} = S(q)u \tag{1.4}$$

容易验证广义速度 $\dot{q}$ 满足非完整约束方程:

$$A(q)\dot{q} = 0 \tag{1.5}$$

一般情况下,为了方便计算机程序控制,需将式(1.2)离散化。设采样时间为 T_s,离散后得:

$$\begin{cases} x(k+1) = x(k) + v(k)T_s\cos\theta(k) \\ y(k+1) = y(k) + v(k)T_s\sin\theta(k) \\ \theta(k+1) = \theta(k) + \omega(k)T_s \end{cases} \tag{1.6}$$

1.1.3 移动机器人动力学模型构建

两轮差速驱动移动机器人的动力学模型可以由拉格朗日(Lagrange)方程描述如下:

$$\frac{d}{dt}\left(\frac{\partial L}{\partial \dot{q}}\right)^T - \left(\frac{\partial L}{\partial q}\right)^T = E(q)\tau - A^T(q)\lambda \tag{1.7}$$

式中:$q = [q_1, q_2, \cdots, q_n]^T$ 为系统的 n 维广义坐标;L 为 Lagrange 函数,定义为系统动能与势能的差值;τ 为 m 维输入;$E(q)$ 为 $n \times m$ 的输入变换矩阵;λ 为 Lagrange 乘子;$A(q)$ 为约束矩阵;$A^T(q)$ 表示约束力矢量。

通过计算,两轮差速驱动移动机器人的动力学模型一般可以描述为:

$$M(q)\ddot{q} + V(q,\dot{q})\dot{q} = E(q)\tau - A^T(q)\lambda \tag{1.8}$$

式中:$M(q)$ 为对称正定矩阵;$V(q,\dot{q})\dot{q}$ 为科里奥利力和向心力。

对式(1.4)两边微分可得:

$$\ddot{q} = \dot{S}(q)u(t) + S(q)\dot{u}(t) \tag{1.9}$$

将式(1.9)代入式(1.8)可得:

$$M(q)[\dot{S}(q)u(t) + S(q)\dot{u}(t)] + V(q,\dot{q})S(q)u(t) = E(q)\tau - A^T(q)\lambda \tag{1.10}$$

将式(1.10)两边同时左乘 $S^T(q)$,其中 $S^TA^T\lambda = 0$,消去 Lagrange 乘子 λ 后整理得:

$$S^TMS\dot{u}(t) + S^T(M\dot{S} + VS)u(t) = S^TE\tau \tag{1.11}$$

令 $\overline{M} = S^TMS, \overline{V} = S^T(M\dot{S} + VS), \overline{E} = S^TE$,可得:

$$\overline{M}\dot{u} + \overline{V}u = \overline{E}\tau \tag{1.12}$$

其中:$\overline{M}$ 是 $m \times m$ 的正定矩阵;$\overline{E}$ 是 $m \times m$ 的矩阵,则:

$$\dot{u} = -\overline{M}^{-1}\overline{V} + \overline{M}^{-1}\overline{E}\tau \tag{1.13}$$

结合式(1.4)和式(1.13),可以得到移动机器人的动力学模型:

$$\begin{cases} \dot{q} = S(q)u \\ \dot{u} = -\overline{M}^{-1}\overline{V} + \overline{M}^{-1}\overline{E}\tau \end{cases} \tag{1.14}$$

若完全已知 $\overline{M}$、$\overline{V}$、$\overline{E}$ 的参数,且 $\overline{E}$ 可逆,取 $\tau = \overline{E}^{-1}(\overline{M}v + \overline{V}u)$,$\dot{u} = v$,可得系统的简化动力学模型如下:

$$\begin{cases} \dot{q} = S(q)u \\ \dot{u} = v \end{cases} \tag{1.15}$$

其中:v 为新的速度输入。

1.2 移动机器人数字孪生模型构建

移动机器人本体模型可以看作其物理实体在虚拟环境中的映射,也就是数字孪生体,数字孪生是一种近年来兴起的技术,通过使用多种传感器、数据采集和分析技术来收集现实中的物理数据,并将其映射到一个数字化的虚拟模型中,让该模型与真实的物理实体保持同步并互相影响。

基于1.1节构建的两轮差速驱动移动机器人数学模型建立移动机器人的数字孪生模型,进而在虚拟环境中进行生产线布局测试和仿真,有助于发现潜在问题,减少成本和资源浪费。也可以让仿真系统中移动机器人的运动和交互更加符合生产实际,提升仿真结果对实际机器人调教的参考价值。同时数字孪生具有数据可视化优势。数据可视化可以帮助用户实时查看移动机器人运行的状态,能够对移动机器人运行时遇到的问题进行及时响应。

1.2.1 数字孪生模型构建准备工作

移动机器人的数字孪生模型基于 Unity 构建,Unity 是一款广泛使用的游戏开发引擎,它提供了一套全面的工具和功能,以支持 2D 和 3D 游戏的开发。Unity 的基本功能包括图形渲染、物理模拟、动画,以及音频管理等。它支持跨平台开发,可以将游戏部署到多种平台,如 PC、移动设备、游戏机和虚拟现实设备。Unity 不仅限于游戏开发,还被广泛应用于影视动画、建筑可视化、模拟训练和教育等领域。其优势在于具有用户友好的界面、庞大的开发者社区、丰富的资源库以及对初学者和专业开发者都友好的学习曲线。凭借这些优势,Unity 成为世界上最受欢迎的虚拟引擎之一。

在进行移动机器人数字孪生模型的构建前,需要完成一些准备工作,包括 Unity 的安装和基础环境的配置。

1. 进入 Unity 官网

打开浏览器,在浏览器地址栏输入网址"https://unity.cn/",按"Enter"键进入 Unity 官网,如图 1.3 所示,点击右上角的"下载 Unity",进入下载页面,如图 1.4 所示。

2. 下载 Unity Hub

在下载页面,点击左侧图标"下载 Unity Hub"。Unity Hub 是一个集中式管理工具,专为 Unity 开发者设计,用于简化和优化工作流程。它提供了多版本 Unity 编辑器的下载和管理功能、项目创建和访问功能、各种预配置项目模板、集成的学习资源,并实现了 Unity 账户的无缝集成。这些特性使 Unity Hub 成为管理 Unity 项目和编辑器设置的理想选择。

图 1.3　Unity 官网主页

图 1.4　Unity 官网下载页面

3. 下载 Unity 本体

在官网页面向下浏览，可以看到 Unity 的不同版本，如图 1.5 所示。数字孪生模型构建所用的平台版本是 2022.3.7，点击"从 Unity Hub 下载"会跳转到 Unity Hub 中开始进行安装。

图 1.5　Unity 的不同版本

如图 1.6 所示，在下载时可选择我们要额外添加的模块，无须勾选额外模块，直接点击"安装"按钮即可。

4. 导入工程文件

构建数字孪生模型的环境已经在工程文件中完成配置，但需要我们从 Unity Hub 打开才能使用。如图 1.7 所示，点击"从磁盘添加项目"，选择计算机中的工程文件所在文件夹，即可打开完成环境配置的基础项目。

至此就完成了数字孪生模型构建的准备工作。

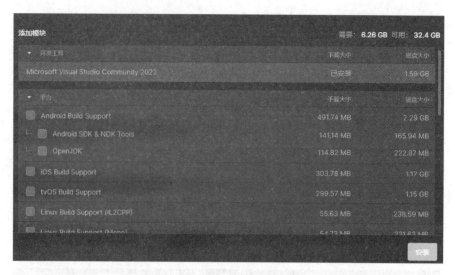

图 1.6 Unity 安装模块选择

图 1.7 工程文件导入选项

1.2.2 移动机器人几何模型构建

构建几何模型是构建移动机器人数字孪生模型的第一个环节。几何模型也是数字孪生模型的基础，它反映了移动机器人的几何尺寸和物理特性。

1. 构建移动机器人几何模型

由于 Unity 主要是开发引擎，其本身的建模功能不太完善，因此需要在其他软件中完成移动机器人三维模型的构建，再导入 Unity。

1）建立三维模型

如图 1.8 所示，移动机器人的三维模型在 SolidWorks 中构建。

2）渲染三维模型

移动机器人的三维模型刚构建完成时只是灰模，需要人工为其添加材质，进行渲染，如图 1.9 所示。三维模型渲染可以由 SolidWorks 的内置材质渲染功能实现。

2. 格式转换

由于 Unity 不支持 SolidWorks 的模型格式，需要利用第三方软件将模型转化为 FBX 格式文件才能将其导入 Unity。本章中使用 3ds Max 进行格式转换。

1）将三维模型导入 3ds Max

如图 1.10 所示，打开 3ds Max 软件，点击"文件"→"导入"，进入导入选项，将前一步中完成渲染的三维模型导入 3ds Max。

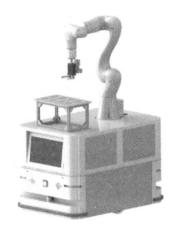

图 1.8　SolidWorks 中建立的移动机器人三维模型　　图 1.9　完成渲染的移动机器人三维模型

图 1.10　将三维模型导入 3ds Max

2）进入导出选项

如图 1.11 所示，完成导入后，点击"文件"→"导出"，进入导出选项，进行导出设置。

3）导出格式

如图 1.12 所示，导出格式选择为 Unity 能处理的通用模型格式——FBX 格式。

4）坐标系转换

在导出选项栏目中需要调整一些设置。在建模使用的软件中，模型的坐标系均采用了右手坐标系，但在 Unity 引擎中，模型坐标系采用左手坐标系，这导致若不改变模型坐标系，就会对后续运动模型的建立造成干扰。因此如图 1.13 所示，点击"高级选项"，选择"Y 向上"选项，翻转模型的坐标轴。

5）尺寸换算

在 SolidWorks 中默认尺寸单位为毫米，在 Unity 中默认尺寸单位为米，因此在模型转换

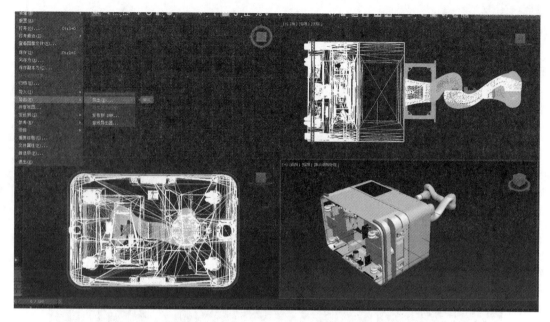

图 1.11　三维模型导出

时也要考虑到尺寸单位的转换。在 3ds Max 中设定合理的单位和比例尺进行比例转换，保证最终导入 Unity 的模型尺寸与 SolidWorks 中文件的尺寸保持一致，具体参数设置如图 1.14 所示。

图 1.12　导出格式选择

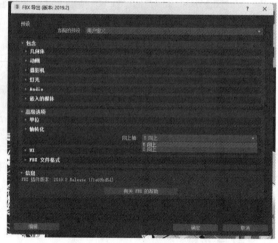

图 1.13　坐标系转换

在完成所有参数设置后即可导出三维模型的 FBX 文件。

3. 进入项目并导入机器人三维模型

1）进入工程场景

打开 Unity Hub，点击工程"项目"，进入场景，如图 1.15 所示。

2）创建模型文件夹

打开工程后进入场景，如图 1.16 所示，在 Assets 文件夹中创建一个模型文件夹，命名为"Model"。

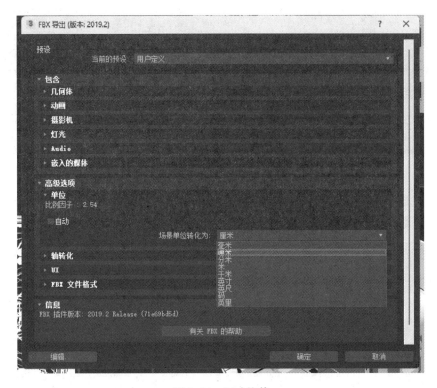

图 1.14 尺寸换算

图 1.15 Unity Hub 视图

图 1.16 创建新文件夹

3）导入模型

打开项目后,右键点击项目的 Assets 文件夹,选择"导入新资产",如图 1.17 所示,在文件管理器中找到已经在建模软件中完成构建、渲染和格式转换的移动机器人三维模型 FBX 格式文件,将其导入项目。

图 1.17　导入新资产

完成模型的导入后,如图 1.18 所示,可以在 Assets 栏中看到我们导入的模型预制件,将预制件拖入层级栏中,即可将移动机器人的几何模型放入场景里。

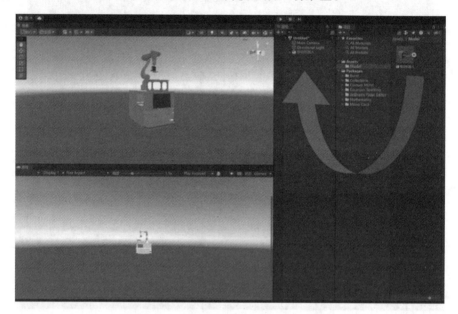

图 1.18　将移动机器人模型放入场景

1.2.3　移动机器人物理模型构建

在 1.2.2 节,我们完成了移动机器人的几何模型构建,在此基础上,对移动机器人几何模型基于 Unity 的组件进行物理属性的设置,构建物理模型。

1. 移动机器人刚体属性添加

1) 创建空物体

由于几何模型具有较多的部件,为了将物理属性赋予几何模型全局,需要创建一个父物体,将几何模型作为父物体的子物体,这样父物体的属性也将被赋予子物体,便于后续模型的构建。本节中将创建一个空对象作为移动机器人几何模型的父物体,如图 1.19 所示,父物体也命名为"移动机器人"。

2) 建立父子关系

如图 1.20 所示,将移动机器人三维模型预制件拖动到空物体上,让模型成为空物体的子物体。

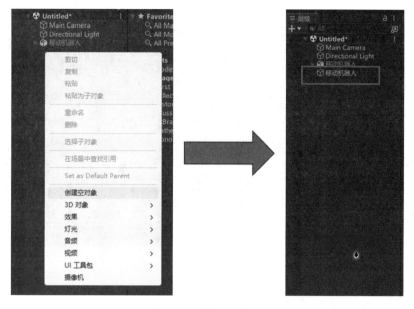

图 1.19　创建空对象

图 1.20　建立父子关系

3）添加刚体属性

在 Unity 中，刚体（Rigidbody）是一个关键组件，用于为游戏对象提供物理属性。它允许对象响应重力，参与碰撞检测，以及通过力和扭矩进行移动或旋转。刚体组件使得开发者能够自定义物理行为，如质量和摩擦力，并通过设置运动学模式来精确控制对象的运动。

如图 1.21 所示，后续的物理属性添加都在父物体上进行，进入父物体的检查器，点击"添加组件"，搜索 Rigidbody 组件，点击添加。

在完成组件添加后，需要对组件的参数值进行一部分的调整，使得其符合实际，具体调整后的参数如图 1.22 所示。

2. 移动机器人碰撞箱构建

在 Unity 中，碰撞箱（Collider）是用于定义游戏对象的物理形状和边界的组件，也是进行碰撞检测和物理交互的关键。碰撞箱决定了对象如何与其他对象相互作用，比如何时发生碰撞，以及碰撞的方式。通过碰撞箱，开发者能够为游戏中的物体赋予真实的物理行为和空间感，如阻挡玩家移动、触发事件或与环境进行互动。这些碰撞箱可以具有多种不同的形状，如盒形、球形或网格形，以适应不同对象的具体形状和游戏设计需求。

1）搜索添加碰撞箱组件

如图 1.23 所示，继续在移动机器人父物体上点击"添加组件"，搜索组件 Box Collider，点击添加。

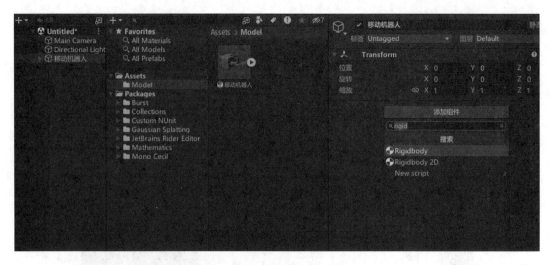

图 1.21　搜索 Rigidbody 组件

图 1.22　Rigidbody 参数值调整

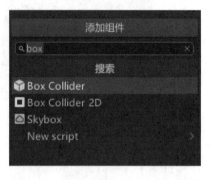

图 1.23　搜索添加 Box Collider 组件

2）调整碰撞箱体积

如图 1.24 所示，在之前添加的 Box Collider 上勾选触发器，点击"编辑碰撞器"，在左侧上方视图中拖动碰撞箱，调整其体积，使得其刚好包裹移动机器人模型。调整完成后的碰撞箱如图 1.25 所示。

图 1.24　进入碰撞箱编辑状态

第 1 章 移动机器人本体模型构建

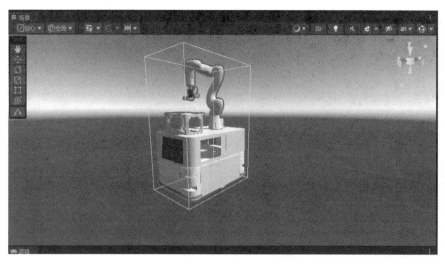

图 1.25 完成编辑后的碰撞箱

3. 移动机器人初始参数脚本编写

除了基本的刚体属性和碰撞体积以外，移动机器人的其他物理参数无法直接通过添加组件进行设置，需要我们自行编写脚本来设置。

1）创建脚本文件夹

右键点击 Assets 图标，添加文件夹，如图 1.26 所示，命名为"script"，后续所有编写的脚本都将存放在该文件夹。

2）创建移动机器人物理参数脚本

进入完成创建的 script 文件夹，如图 1.27 所示，右键点击文件夹栏，点击"创建"→"C♯脚本"，创建移动机器人物理参数脚本。

如图 1.28 所示，将新建的脚本命名为"Kinematic_Model"。

图 1.26 创建脚本文件夹

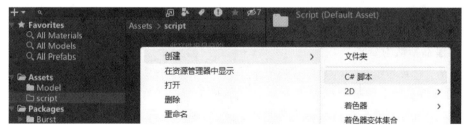

图 1.27 创建移动机器人物理参数脚本

3）编写脚本

点击完成命名的脚本，进入 Visual Studio 开始编写脚本。如图 1.29 所示，编写的参数包括移动机器人的速度和加速度的上限，并为其他脚本编写提供获取移动机器人当前位置和姿态的函数方法。

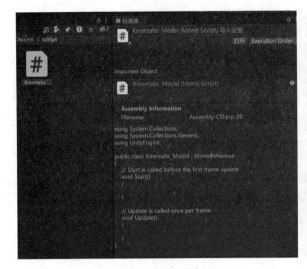

图 1.28　脚本命名　　　　　图 1.29　移动机器人物理参数脚本

1.2.4　移动机器人孪生测试平台构建

在完成了移动机器人数字孪生模型的基本设置后,需要构建一个测试场景,为后续移动机器人算法的测试提供平台。测试场景的构建包括两部分,分别是背景环境的构建和障碍物的构建。

1. 背景环境构建

导入 Unity 的工程文件已经提前完成了环境的配置,附带导入背景环境的工具。我们只需要将提前准备好的 NeRF(neural radiance field,神经辐射场)隐式模型导入场景进行渲染即可完成背景环境的构建工作。

NeRF 技术是一种基于深度学习的三维重建技术,NeRF 隐式模型用于由一组稀疏的二维图像创建高质量的三维场景表示。这个模型使用一个小型的神经网络来学习场景的体积密度和颜色信息,使得从任意视角生成的渲染图像都具有逼真的细节和光照效果。NeRF 技术的关键在于它以一种连续的方式表示场景,这使得它能够用于细致地重建复杂场景,包括光线在不透明、半透明或复杂几何结构中的散射和弯曲。NeRF 技术已成为计算机视觉和图形学领域的一个重要突破,广泛应用于虚拟现实、增强现实、电影制作等多个领域。

1) 创建高斯溅射资产

本工程项目自带渲染 NeRF 隐式模型的工具 Gaussian Splat,它是一种用于点云数据渲染的技术,通过将点云中的每个点表示为高斯分布并在图像平面上进行投影,从而生成二维图像。这种方法可以有效模拟点云的细节和密度变化,因而在三维重建、虚拟现实和增强现实等应用中得到广泛使用。

如图 1.30 所示,点击"工具"→"Gaussian Splats"→"Create GaussianSplatAsset"选项,进入图 1.31 所示的菜单栏,在"Input PLY File"中选中需要导入的场景,点击"Create Asset",即可完成新资产的创建,如图 1.32 所示,可以在 Assets 文件夹中找到完成创建的新资产。

2) 创建搭载背景环境的空物体

在完成新资产创建后,如图 1.33 所示,需要创建一个新的空物体,来对导入的资产进行渲染。将空物体命名为"背景",它将作为搭载 NeRF 隐式模型的物体。

图 1.30 进入创建 GaussianSplatAsset 选项

图 1.31 创建 Gaussian Splat 资产

图 1.32 完成创建的新资产

3）添加渲染组件

在创建的"背景"空物体上点击"添加组件"，搜索"Gaussian Splat Renderer"并且选中，如图 1.34 所示。

图 1.33 搭载 NeRF 模型的空物体

图 1.34 搜索渲染组件

4）对创建的新资产进行渲染

如图 1.35 所示，在渲染组件中选择新资产，进行渲染。

如图 1.36 所示，点击运行按键，即可完成渲染。

渲染完成后的场景如图 1.37 所示。

5）调整场景方位

渲染后的场景并没有确定和移动机器人模型的相对位置，需要调整场景的整体位置。如图 1.38 所示，选中模型栏中的"背景"空物体，即可对场景进行整体移动，包括三个轴向的移动和旋转以及整体场景缩放。

图1.35 渲染新资产

图1.36 开始渲染工作

图1.37 渲染完成后的场景

图1.38 调整场景方位

调整完成后的场景如图1.39所示。

2. 障碍物构建

在完成背景环境构建后,需要构建可以被识别的障碍物群,以便于后续规划与控制算法的

图 1.39 调整完成后的场景

验证和场景交互。

1)创建空物体

如图 1.40 所示,创建空物体,将其命名为"障碍物",后续添加的障碍物都将放入该空物体下,成为空物体的子物体。

2)导入障碍物

导入障碍物的三维模型,并为其赋予碰撞箱,操作与导入移动机器人的三维模型相同,并让导入的障碍物成为"障碍物"空物体的子物体。这里以一个箱体模型为例,导入后的效果如图 1.41 所示,模型层级关系如图 1.42 所示。

图 1.40 创建名为"障碍物"的空物体

图 1.41 模型导入效果

以此类推,导入多个障碍物,并调整障碍物的相对位置,完成后的效果如图 1.43 所示。

图 1.42 模型层级关系

图 1.43 完成后的效果

3. 构建配套的俯视图

1）构建俯视图

俯视图的构建可以通过调整摄像头的设置实现,如图 1.44 所示,创建一个新的摄像机,命名为"摄像机"。

2）调整摄像机参数

通过调整摄像机的参数,可以让两个摄像机的图像在同一个页面中显示。相机的具体参数修改如图 1.45 所示,最终效果如图 1.46 所示,留空处是为后续的用户界面(UI)面板添加留出的空间。

图 1.44 创建新摄像机

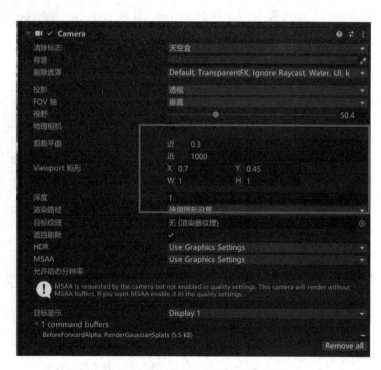

图 1.45 相机的具体调整参数

图 1.46 最终的场景效果

1.3 移动机器人孪生数据处理

在数字孪生场景的仿真过程中,需要对移动机器人的运行数据进行及时储存和处理,这是 Unity 无法高效完成的,我们需要使用第三方软件进行数据的处理和存储,构建 Unity 与软件的通信连接。在本节中,我们选用 MySQL 作为移动机器人孪生数据处理软件。

1.3.1 认识 MySQL

数据库是一种用于存储、组织和检索数据的系统,它允许用户有效地管理大量信息并支持多用户对数据的同时访问。数据库系统通常由数据库管理系统(DBMS)管理,它负责处理数据的创建、更新、删除和检索等操作,以确保数据的一致性、完整性和安全性。

MySQL 是一种关系型数据库管理系统(RDBMS),它由瑞典公司 MySQL AB 开发,现在由 Oracle 公司维护。MySQL 采用客户端-服务器模型,其中客户端和服务器可以运行在不同的计算机上。它支持结构化查询语言(SQL),这是一种用于管理和查询数据库的标准语言。MySQL 以其高性能和开源特性而受到广泛欢迎。

MySQL 数据库中的数据以表格的形式存储,表格由行和列组成,每一行代表数据库中的一个记录,而每一列代表记录的一个属性。表格之间可以建立关系,这是关系型数据库的基本特征之一,使得用户可以更加灵活地组织和查询数据。

总的来说,数据库是一种关键的数据管理工具,而 MySQL 作为一种常用的关系型数据库管理系统,为用户提供了有效、可靠的数据存储和处理解决方案。

1.3.2 准备工作

在构建 Unity 与 MySQL 通信连接前,需要完成一系列准备工作,包括 MySQL 的安装和环境配置。

1. 下载数据库本体安装包

通过网址 https://dev.MySQL.com/downloads/ 进入 MySQL 下载页面,如图 1.47 所示,选择 MySQL Community Server。

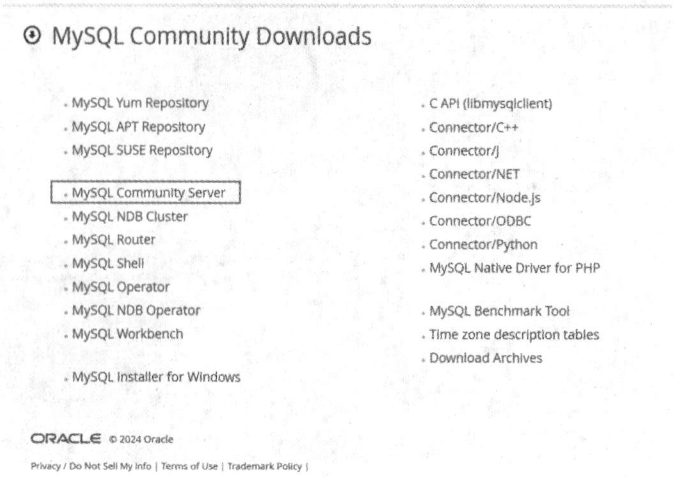

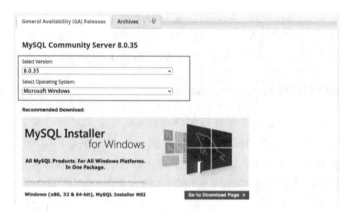

图 1.47 进入下载页面

2. 选择版本

网页跳转后进入版本选择页面,如图 1.48 所示,选择 8.0 版本。

图 1.48 选择版本

3. 开始下载

选择第一个安装包,进行下载,如图 1.49 所示。

图 1.49 下载安装包

4. 安装配置

如图 1.50 所示，在安装包的解压目录下新建 my.ini 文件，并将以下文本拷贝进 my.ini 文件中：

```
[mysqld]
# 设置 3306 端口
port=3306
# 设置 mysql 的安装目录    ----------是你的文件路径-------------
basedir=D:\mysql-8.0.26-winx64\mysql-8.0.26-winx64
# 设置 mysql 数据库的数据的存放目录    ---------是你的文件路径，data 文件夹自行创建
# datadir=E:\mysql\mysql\data
# 允许最大连接数
max_connections=200
# 允许连接失败的次数
max_connect_errors=10
# 服务器端使用的字符集，默认为 utf8mb4
character-set-server=utf8mb4
# 创建新表时将使用的默认存储引擎
default-storage-engine=INNODB
# 默认使用"mysql_native_password"插件认证
# mysql_native_password
default_authentication_plugin=mysql_native_password
[mysql]
# 设置 mysql 客户端默认字符集
default-character-set=utf8mb4
[client]
# 设置 mysql 客户端连接服务器端时默认使用的端口
port=3306
default-character-set=utf8mb4
```

图 1.50 新建 my.ini 文件

5. 初始化 MySQL 数据库

如图 1.51 所示，以管理员身份打开命令提示符并切换到 bin 目录下。

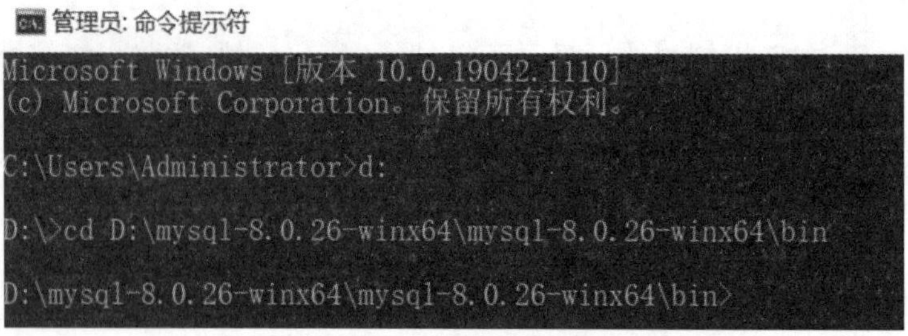

图 1.51　切换进入 bin 目录

在 MySQL 目录下的 bin 目录下执行命令：

`mysqld--initialize-console`

记录初始密码，如图 1.52 所示。

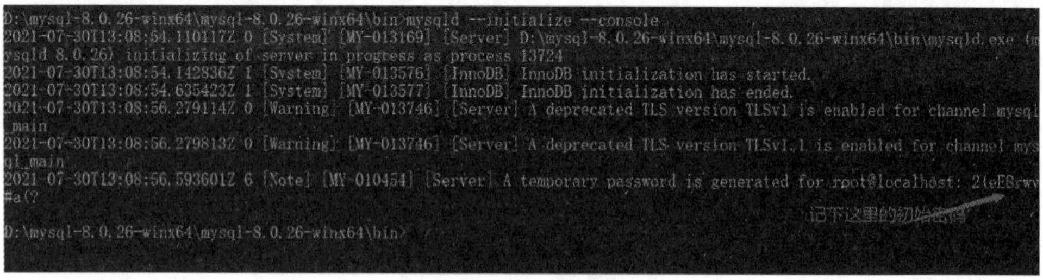

图 1.52　初始密码

6. 安装 MySQL 服务并启动

在命令行继续输入指令：

`mysqld--install mysql`

完成安装后，输入指令：

`net startmysql`

待启动完成后，开始连接 MySQL，输入指令：

`mysql-uroot-p`

输入刚刚记录的随机密码，完成输入后修改密码，输入指令：

`ALTER USER 'root'@ 'localhost' IDENTIFIED BY '111111'`

可将密码修改为 111111。

在命令行输入 quit 或 exit 都可退出数据库，登录时输入指令：

`mysql-uroot-p`

7. 配置环境变量

依次打开"此电脑"→"属性"→"高级系统设置"→"环境变量"，在系统变量中新建变量名为 MYSQL_HOME，变量值为 MySQL 的目录，如图 1.53 所示。

如图 1.54 所示，在系统变量里面找到 path 变量，添加文本"％MYSQL_HOME％\bin"。

重新进入 MySQL 下载页面，下载 MySQL Workbench，MySQL Workbench 是一款专为 MySQL 设计的实体关系(ER)/数据库建模工具。它是著名的数据库设计工具 DBDesigner4 的继任者。MySQL Workbench 可以用于设计和创建新的数据库图示，建立数据库文档，并进行复杂的 MySQL 迁移。

第 1 章 移动机器人本体模型构建

图 1.53 新建变量名 MYSQL_HOME　　图 1.54 添加％MYSQL_HOME％\bin

1.3.3 Unity 与 MySQL 通信连接构建

在完成了准备工作后，便可以开始构建 Unity 和 MySQL 的通信连接，实现通过数据库管理 Unity 中的数据。

1. 连接准备

1）下载 MySql.Data 插件

打开计算机中的 Visual Studio，如图 1.55 所示，点击"项目"→"管理 NuGet 程序包"选项。

在"浏览"中搜索 MySql.Data 并且下载，如图 1.56 所示。

2）在 MySQL 官网下载插件

进入 MySQL 官网，如图 1.57 所示，下载组件 MySQL Connector/Net、Connector/ODBC、MySQL for Visual Studio，待下载完成后直接双击下载文件进行安装。

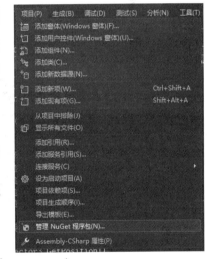

图 1.55 进入 NuGet 程序包管理器

图 1.56 下载 MySql.Data 包

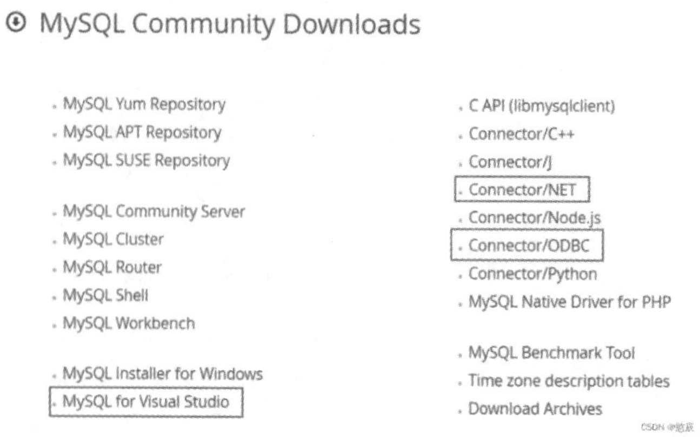

图 1.57 MySQL 官网下载插件

3）连接测试

打开 Visual Studio，如图 1.58 所示，点击"视图"→"服务器资源管理器"选项。在弹出的窗口中右键点击数据连接，选择"添加连接"，如图 1.59 所示。

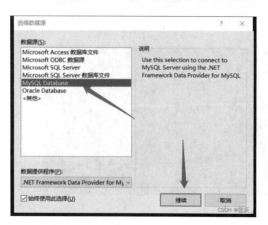

图 1.58 进入服务器资源管理器选项

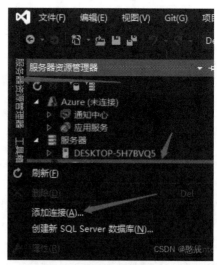

图 1.59 新建数据库连接

如图 1.60 所示，选择"MySQL Database"，点击"继续"。

如图 1.61 所示，输入数据库地址、账号、密码、数据库名，然后点击"测试连接"。

连接测试成功后，结果如图 1.62 所示，可以开始构建 Unity 与 MySQL 的通信连接。

2. Unity 连接 MySQL

1）在 Unity 中导入 dll 文件

需要导入的 dll 文件已经提前准备好，如图 1.63 所示，在"Assets"下新建文件夹，命名为"Plugins"，将 dll 文件导入 Plugin 文件夹。

图 1.60 选中 MySQL Database

图 1.61　开始连接测试　　　　图 1.62　连接测试成功

2）创建数据库

在"workbench"中创建一个新数据库，如图 1.64 所示。

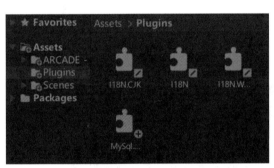

图 1.63　导入 dll 文件　　　　图 1.64　新建数据库

3）编写查询脚本进行连接测试

在 Unity 场景中创建新的脚本，命名为"Mysql_Connection"，在脚本中编写以下函数，并在 Start 函数下调用该函数，进行数据库与 Unity 的连接测试。

```
1.  public void InquireMysql()
2.  {
3.      //数据库地址、用户名、密码、数据库名
4.      string sqlSer="server=localhost;port=3306;database=test;user=root;password=
        123456";
5.      //建立连接
6.      MySqlConnection conn=new MySqlConnection(sqlSer);
7.      try
8.      {
9.        conn.Open();
10.       Debug.Log("------连接成功------");
11.       //sql 语句
```

```
12.        string sqlQuary=" select *  from mytable";
13.
14.        MySqlCommand comd =new MySqlCommand(sqlQuary, conn);
15.        MySqlDataReader reader=comd.ExecuteReader();
16.
17.        while (reader.Read())
18.        {
19.          //通过 reader 获得数据库信息
20.          Debug.Log(reader.GetString("user_name"));
21.          Debug.Log(reader.GetString("user_password"));
22.        }
23.       }
24.       catch (System.Exception e)
25.       {
26.        Debug.Log(e.Message);
27.       }
28.       finally
29.       {
30.        conn.Close();
31.       }
32.     }
```

若运行结果如图 1.65 所示，则表示连接成功。

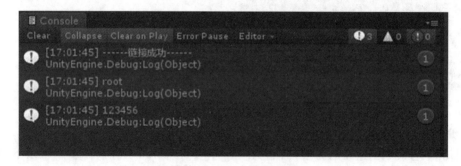

图 1.65 连接成功结果

4) 编写数据库删改脚本并进行测试

在实现 Unity 与数据库的连接后，需要编写函数，实现从 Unity 中对数据库进行控制，这可基于以下函数实现，后续需要实现新的功能时可在该函数基础上进行修改。

```
1.  public void ChangedMysql()
2.  {
3.      //数据库地址、用户名、密码、数据库名
4.      string sqlSer="server=localhost;port=3306;database=test;user=root;password=123456";
5.      MySqlConnection conn=new MySqlConnection(sqlSer);
6.      try
7.      {
```

```
8.         conn.Open();
9.         Debug.Log("------连接成功------");
10.        string sqlQuary="insert into mytable(user_name,user_password) values (@ user
           _name, @ user_password)";
11.
12.        MySqlCommand comd =new MySqlCommand(sqlQuary, conn);
13.        comd.Parameters.AddWithValue("@ user_name", "用户名");
14.        comd.Parameters.AddWithValue("@ user_password", "密码");
15.
16.        comd.ExecuteNonQuery();
17.
18.     }
19.     catch (System.Exception e)
20.     {
21.        Debug.Log(e.Message);
22.     }
23.     finally
24.     {
25.        conn.Close();
26.     }
27.  }
```

将函数写入脚本中并编译,查看运行结果,若结果如图 1.66 所示,则表示运行成功。

图 1.66 运行成功结果

1.4 移动机器人孪生模型实机通信

在完成了移动机器人孪生模型的构建和数据库连接构建后,为了让数字孪生模型能够根据移动机器人实机的状态实时更新,具备监控、远程控制等基本功能,需要构建实机与模型的双向通信,这可以通过 TCP 等现有网络通信协议实现。

1.4.1 TCP 原理

TCP(传输控制协议)是一种核心网络协议,与整个互联网的发展历史紧密相连。在 20 世纪 70 年代,随着 ARPANET(先进研究计划署网络)的发展,Vint Cerf 和 Bob Kahn 首次提出了 TCP 的概念,旨在解决不同网络间通信的问题。最初的 TCP 设计被称为 TCP/IP,其中网络协议(IP)负责处理网络层的通信,而 TCP 在此基础上提供可靠的传输。互联网络的不同部分可能具有不同的拓扑结构、带宽、延迟、数据包大小和其他参数,TCP 的设计目标是能够动态地适应这些特性,并在面对各种网络故障时展现出鲁棒性。尽管 IP 层只提供不可靠的包交换，TCP 却实现了应用层主机间的可靠连接，其作用类似于管道。

TCP 的主要作用是确保数据包在不同计算机系统间可靠地传输。为此，它采用了三次握手协议来建立连接，确保双方准备好进行数据交换。数据在传输过程中被分成多个分段，每个分段都配有序号，以便接收端能正确地重新组合。接收端通过发送确认字符（ACK）来确认收到的数据段，如果发送端未收到 ACK，它会重传丢失的数据段。TCP 还采用窗口调整和拥塞控制机制来优化数据传输速率并防止网络过载。

在应用层和 TCP 层之间的数据传输中，数据以 8 位字节的形式发送。TCP 层将这些数据分割成适当长度的报文段，通常受限于计算机连接网络的数据链路层的最大传输单元（MTU）。TCP 层随后将这些报文段传递给 IP 层，由它负责将数据包通过网络发送至接收端的 TCP 层。为确保数据传输的可靠性，TCP 层给每个数据包分配一个序号，并确保接收端按序接收。接收端对成功接收的数据包发送 ACK 作为确认。如果发送端在一个合理的往返时延（RTT）内未收到 ACK，相应的数据包将被认为丢失并进行重传。此外，TCP 层还可检验数据的完整性和正确性。

每台支持 TCP 的机器都配置有一个 TCP 传输实体，可能是一个库过程、用户进程，或者是操作系统内核的一部分。这些实体负责管理 TCP 流以及与 IP 层之间的交互。TCP 实体接收来自本地进程的数据流，并将其分割成不超过 64 KB（扣除 IP 和 TCP 头后，实际上通常不超过 1460 B）的分段，每个分段以单独的 IP 数据报的形式发送。当含有 TCP 数据的数据报到达目的机器时，它们被交付给 TCP 传输实体，该实体负责重新构建原始字节流。为了简化描述，我们有时用"TCP"既指代 TCP 传输实体（即软件部分）又指代 TCP 协议（即规则集）。具体含义视上下文而定，例如在"用户将数据交给 TCP"的情境中，"TCP"明显指的是 TCP 传输实体。

IP 层本身不保证数据报的正确递交，也不负责指示发送速度。TCP 的职责是快速且有效地发送数据报以利用网络容量，同时防止网络拥塞。此外，TCP 在超时后负责重传未递交的数据报。即使数据报被正确递送，它们也可能出现顺序错误，TCP 需要处理这一问题，将接收到的数据报重组成正确的顺序。总之，TCP 的核心任务是提供可靠的数据传输功能，这是大多数用户的基本期望，而这正是 IP 层未能提供的功能。

综上所述，TCP 是一种可靠的、面向连接的协议。它通过三次握手来建立连接，并使用序号与确认机制来确保数据的正确传输。同时，TCP 利用流量控制和拥塞控制机制来高效管理网络资源。这些特点使得 TCP 成为互联网上最重要的通信协议之一。

1.4.2 Qt 基本知识

在确定了实机与孪生模型的通信方式以后，我们需要构建一个可操作的 UI（用户界面）对二者的通信过程进行控制，包括通信的建立连接、开始数据传输、连接断开等。从零开始构建一个可以实现该功能的 UI 是较为复杂的，本节选择利用 Qt 构建一组可操作 UI，分别搭载在实机和孪生平台上实现双向通信，这不但能保证 UI 的稳定性，也能较大程度地简化 UI 的构建过程。

Qt 最初是由挪威的 Trolltech 公司于 1991 年推出的，是一种跨平台的 C++ 图形用户界面（GUI）工具包。随着时间的推移，Qt 逐渐发展成为一个强大且灵活的开发框架。在 2008 年，Nokia 收购了 Trolltech 公司，使 Qt 更加广泛地应用于移动设备和桌面应用程序的开发。后来，Qt 的开发由 Digia 公司接管，并于 2011 年开源，成为一个开放源代码的项目。Qt 的不断发展和演进使其成为一个受欢迎的工具，支持多种平台，包括 Windows、macOS、Linux 等。

Qt 以其丰富的功能特性而闻名，其中最显著的是其强大的跨平台能力。开发者可以使用 Qt 创建一次代码，然后在多个操作系统上运行，大大简化了跨平台应用程序的开发。此外，Qt 提供了一套丰富的模块，包括图形用户界面、网络、数据库、图形渲染等，使开发者能够轻松地构建复杂的应用程序。Qt 还支持多线程、国际化和本地化等高级特性，为开发者提供了更大的灵活性和更强的控制权。

Qt 在开发中的优势在于其广泛的应用领域。它被用于开发桌面应用、移动应用、嵌入式系统等各种类型的软件。由于其良好的跨平台性能和丰富的功能集，许多大型企业和开发者社区选择 Qt 作为其首选的开发工具。Qt 还积极参与开源社区，不断更新和改进，使其处于技术前沿。总体而言，Qt 作为一种强大的开发框架，为开发者提供了快速、稳定且灵活的开发环境，使他们能够更轻松地创建出色的应用程序。

1.4.3 基于 Qt 的 TCP 通信准备工作

基于 Qt 的 TCP 通信脚本具体实现将在第 2 章进行讲解，本节主要介绍构建通信脚本前的准备工作，包括 Qt 的下载、与数据库建立连接的过程和实现 TCP 通信的基础代码。

1. Qt 软件下载

1）下载软件本体

本书采用的 Qt 软件版本为 Qt 5.14.2，其官方下载地址为 https://www.qt.io/download-qt-installer-oss? hsCtaTracking = 99d9dd4f-5681-48d2-b096-470725510d34%7C074dd ad0-fdef-4e53-8aa8-5e8a876d6ab4。

如图 1.67 所示，下载 Windows 版本的安装包。

图 1.67　Qt 下载页面

在下载过程中，会出现选择下载组件的选项，这里只需下载必需的部分组件，如图 1.68 所示。

2）配置环境变量

在软件安装时，需要检查与 Qt 相关的环境变量是否完成设置，如图 1.69 所示，若没有则需要手动添加。

若变量不存在，则手动将 Qt 安装目录中 bin 文件夹的路径拷贝添加到路径中。

图 1.68　需要勾选的组件

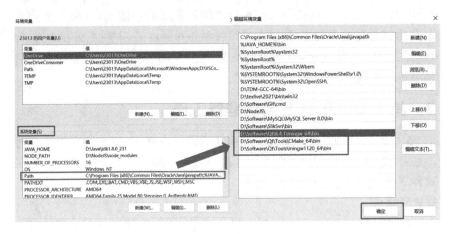

图 1.69　检查环境变量

(1) Qt 连接 MySQL 数据库。

UI 组件若要建立移动机器人实机与孪生模型的双向通信,实现数据传输,则需要让 Qt 能够连接到 MySQL 数据库,这可以通过编写代码,直接由 Qt 自带的 MySQL 驱动加载数据库实现。

(2) 修改.pro 文件。

创建一个新项目,进入项目,在.pro 文件中添加下列代码:

```
1.    QT+ = sql
```

(3) 修改头文件。

在 mainwindow.h 文件中添加下列头文件:

```
1.    # include< QSqlDatabase>
```

(4) 修改主程序。

在 main.cpp 文件中添加下列代码:

```
1.    QSqlDatabase db=QSqlDatabase::addDatabase("QMYSQL");
2.      db.setHostName("127.0.0.1");   //连接本地主机
3.      db.setPort(3306);
4.      db.setDatabaseName("数据库名");
5.      db.setUserName("用户名");
6.      db.setPassword("密码");
7.      bool ok=db.open();
8.      if (ok){
9.         QMessageBox::information(this, "infor", "link success");
10.     }
```

```
11.    else {
12.        QMessageBox::information(this, "infor", "link failed");
13.        qDebug()<<"error open database because"<<db.lastError().text();
14.    }
15.
```

（5）连接测试。

运行代码，若连接 MySQL 成功则显示图 1.70 所示结果。

若连接 MySQL 失败则显示图 1.71 所示结果。

图 1.70 连接成功

图 1.71 连接失败

2. TCP 通信基础代码实现

Qt 可以通过 TCP 让服务器端和客户端之间进行通信。服务器端和客户端的具体通信流程如图 1.72 所示。

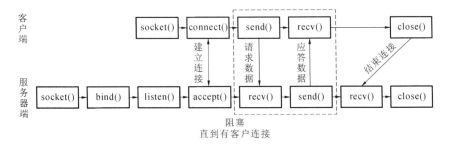

图 1.72 TCP 具体通信流程

总体流程整理如下：服务器端创建套接字后连续调用 bind、listen 函数进入等待状态，客户端通过调用 connect 函数发起连接请求。如果客户端在调用 connect 函数前服务器端就已经率先调用了 accept 函数，那么此时服务器端会进入阻塞状态，直到客户端调用 connect 函数为止。Qt 的 TCP 网络通信也基于这种思想，只不过 Qt 对函数进行了较为完善的封装，使得代码实现变得更为简单。

1）服务器端代码实现

为避免 C++版本不一致，不能识别 TCP 协议，我们得在工程文件（工程文件.pro）中的第一行添加 network（若客户端与服务器端不在同一个工程文件中，则两个工程文件都需要添加）。

```
1.    QT       +=coregui network    //network 是添加之后的
```

服务器端需要在头文件中添加两个套接字（监听套接字和通信套接字）的包，代码如下。

（1）serverwidget.h。

```
1.    # ifndef SERVERWIDGET_H
```

```
2.    # define SERVERWIDGET_H
3.
4.    # include<QWidget>
5.    # include<QTcpServer>//监听套接字
6.    # include<QTcpSocket>//通信套接字
7.    QT_BEGIN_NAMESPACE
8.    namespace Ui { class serverWidget; }
9.    QT_END_NAMESPACE
10.
11.   class serverWidget : public QWidget
12.   {
13.       Q_OBJECT
14.
15.   public:
16.       serverWidget(QWidget * parent=nullptr);
17.       ~serverWidget();
18.
19.   private slots:
20.       void on_buttonsend_clicked();
21.
22.       void on_buttonclose_clicked();
23.
24.   private:
25.       Ui::serverWidget * ui;
26.       //声明两种套接字
27.       QTcpServer * tcpserver;
28.       QTcpSocket * tcpsocket;
29.   };
30.   # endif // SERVERWIDGET_H
```

（2）serverwidget.cpp。

```
1.    # include "serverwidget.h"
2.    # include "ui_serverwidget.h"
3.
4.    serverWidget::serverWidget(QWidget * parent)
5.        :QWidget(parent)
6.        ,ui(new Ui::serverWidget)
7.    {
8.        ui->setupUi(this);
9.        tcpserver=nullptr;
10.       tcpsocket=nullptr;
11.       //创建监听套接字
12.       tcpserver=new QTcpServer(this);//指定父对象回收空间
13.
14.       //bind+ listen
```

```cpp
15.    tcpserver->listen(QHostAddress::Any,8888);//绑定当前网卡所有的IP绑定端口,也就是设
       置服务器地址和端口号
16.
17.    //服务器建立连接
18.    connect(tcpserver,&QTcpServer::newConnection,[=](){
19.        //取出连接好的套接字
20.        tcpsocket=tcpserver->nextPendingConnection();
21.
22.        //获得通信套接字的控制信息
23.        QString ip=tcpsocket->peerAddress().toString();//获取连接的IP地址
24.        quint16 port=tcpsocket->peerPort();//获取连接的端口号
25.        QString temp=QString("[%1:%2]客户端连接成功").arg(ip).arg(port);
26.        //显示连接成功
27.        ui->textEditRead->setText(temp);
28.
29.        //接收信息必须放到连接中的槽函数中,不然tcpsocket就是一个野指针
30.        connect(tcpsocket,&QTcpSocket::readyRead,[=](){
31.            //从通信套接字中取出内容
32.            QString str=tcpsocket->readAll();
33.            //在编辑区域显示
34.            ui->textEditRead->append("客户端:"+ str);//不用settext,否则会覆盖之前的
                消息
35.        });
36.    });
37.
38.  }
39.
40.  serverWidget::~ serverWidget()
41.  {
42.    delete ui;
43.  }
44.
45.
46.  void serverWidget::on_buttonsend_clicked()
47.  {
48.    if(tcpsocket==nullptr){
49.        return ;
50.    }
51.    //获取编辑区域的内容
52.    QString str=ui->textEditWrite->toPlainText();
53.
54.    //写入通信套接字,协议栈自动发送
55.    tcpsocket->write(str.toUtf8().data());
56.
```

```
57.    //在编辑区域显示
58.    ui->textEditRead->append("服务器端:"+ str);//不用settext,否则会覆盖之前的消息
59.    }
60.
61. void serverWidget::on_buttonclose_clicked()
62. {
63.    //通信套接字主动与服务端断开连接
64.    tcpsocket->disconnectFromHost();//结束聊天
65.
66.    //关闭通信套接字
67.    tcpsocket->close();
68.
69.    tcpsocket=nullptr;
70. }
```

（3）serverwidget.ui。

UI 排版如图 1.73 所示。

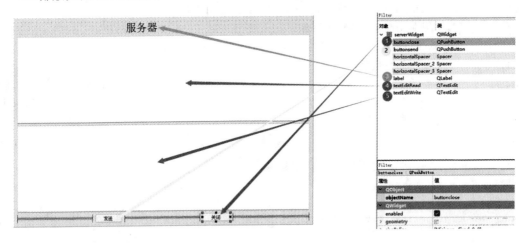

图 1.73 服务器端 UI 排版

客户端代码如下。

（1）clientwidget.h。

```
1.  # ifndef CLIENTWIDGET_H
2.  # define CLIENTWIDGET_H
3.
4.  # include<QWidget>
5.  # include<QTcpSocket>
6.
7.  QT_BEGIN_NAMESPACE
8.  namespace Ui { class ClientWidget; }
9.  QT_END_NAMESPACE
10.
11. class ClientWidget : public QWidget
12. {
```

```
13.    Q_OBJECT
14.
15. public:
16.    ClientWidget(QWidget * parent=nullptr);
17.    ~ ClientWidget();
18.
19. private slots:
20.    void on_buttonconnect_clicked();
21.
22.    void on_buttonsend_clicked();
23.
24.    void on_buttonclose_clicked();
25.
26. private:
27.    Ui::ClientWidget * ui;
28.    QTcpSocket * tcpsocket;//声明套接字,客户端只有一个通信套接字
29. };
30. # endif // CLIENTWIDGET_H
```

(2) clientwidget.cpp。

```
1.  # include "clientwidget.h"
2.  # include "ui_clientwidget.h"
3.
4.  ClientWidget::ClientWidget(QWidget * parent)
5.     :QWidget(parent)
6.     ,ui(new Ui::ClientWidget)
7.  {
8.     ui->setupUi(this);
9.     tcpsocket=nullptr;
10.    setWindowTitle("客户端");
11.
12.    tcpsocket=new QTcpSocket(this);
13.    connect(tcpsocket,&QTcpSocket::connected,[=](){
14.       ui->textEditRead->setText("服务器连接成功!");
15.    });
16.
17.    connect(tcpsocket,&QTcpSocket::readyRead,[=](){
18.       //获取通信套接字的内容
19.       QString str=tcpsocket->readAll();
20.       //在显示编辑区域显示
21.       ui->textEditRead->append("服务器端:"+str);//不用settext,否则会覆盖之前的消息
22.    });
23.
24. }
25.
```

```
26.  ClientWidget::~ ClientWidget()
27.  {
28.    delete ui;
29.  }
30.
31.
32.  void ClientWidget::on_buttonconnect_clicked()
33.  {
34.    if(nullptr==ui->lineEditIP || nullptr==ui->lineEditPort)
35.      return ;
36.    //获取IP地址和端口号
37.    QString IP=ui->lineEditIP->text();
38.    quint16 Port=ui->lineEditPort->text().toInt();
39.
40.    //与服务器连接
41.    tcpsocket->connectToHost(IP,Port);
42.  }
43.
44.  void ClientWidget::on_buttonsend_clicked()
45.  {
46.    if(nullptr==tcpsocket)//连接失败则不发送
47.      return;
48.
49.    //获取发送的信息
50.    QString str=ui->textEditWrite->toPlainText();
51.
52.    //将信息写入通信套接字
53.    tcpsocket->write(str.toUtf8().data());
54.
55.    //将自己的信息显示在聊天窗口
56.    ui->textEditRead->append("客户端:"+str);//不用settext,否则会覆盖之前的消息
57.  }
58.
59.
60.  void ClientWidget::on_buttonclose_clicked()
61.  {
62.    if(nullptr==tcpsocket)
63.      return;
64.    tcpsocket->disconnectFromHost();//断开与服务器的连接
65.    tcpsocket->close();//关闭通信套接字
66.  }
```

（3）clientwidget.ui。

UI排版如图1.74所示。

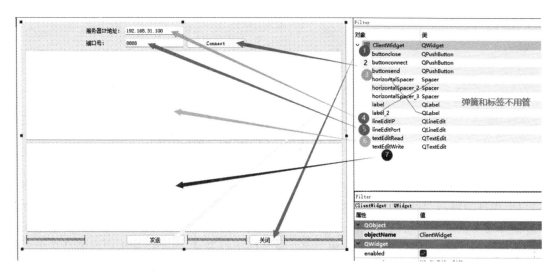

图 1.74 客户端 UI 排版

3. 服务器和客户端通信效果

在完成了客户端和服务器端的代码编写以及 UI 排版以后，便可以运行程序，查看运行效果。所编写的程序基于 Qt 实现了基本的 TCP 通信。在第 2 章中将详细阐述如何基于 Qt 的 TCP 通信的基础程序实现数据库中数据的双端获取和存储。最终程序演示效果如图 1.75 所示。

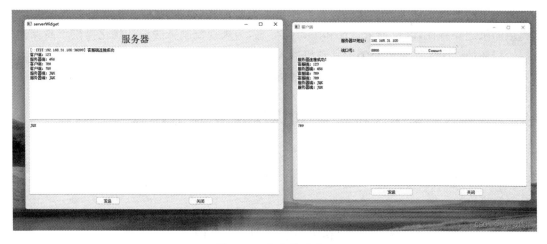

图 1.75 程序效果展示

第 2 章 移动机器人规划控制算法优化服务框架

移动机器人能否在生产过程中顺利完成其既定任务,关键在于其轨迹规划和轨迹跟踪控制(以下简称为规划控制)算法的设计。而评价一个规划算法或控制算法的优劣,最直接有效的方法是将算法载入移动机器人系统,在实际生产线中对其进行运行验证。然而,由于在规划控制算法设计之初,其参数的确定依赖于多次重复的运行调试,而考虑到生产线的日常生产任务和生产安全性,不便于为算法验证和优化提供实验条件。在传统方法中,常采用对移动机器人在环的生产系统(以下简称为机器人生产系统)进行数学建模的方式,通过微分方程求解来模拟验证算法效果,进而实现算法系数的优化整定。虽然传统的建模方法有效地加快并简化了规划控制算法的设计优化过程,但是由于传统模型对机器人生产系统的描述维度低且场景还原度不足,因此优化后的算法用于现实场景中的移动机器人系统时,仍需要长时间的运行调试过程才能达到预期效果。与传统方法不同,数字孪生技术实现了在虚拟空间中对真实物理系统的高保真映射,为规划控制算法的设计优化过程提供了更真实全面的仿真环境,使得所得的算法设计可直接用于真实移动机器人系统,消除在真实环境中的运行调试过程。

第 1 章已给出了详细的移动机器人本体模型构建流程,真实还原了移动机器人的几何形状和运动机理等特性,以及场景特征和障碍物信息,为规划控制算法设计优化提供了高保真的虚拟运行环境。为了提供更完善的移动机器人规划控制算法优化服务,本章将对基于移动机器人本体模型的规划控制算法优化服务框架构建进行详细说明。

2.1 轨迹规划算法优化服务模块

便捷、易操作的交互界面是提供优化服务的基础,本节通过控制与数据可视化面板以及运行脚本的设计,来构建轨迹规划算法优化服务、轨迹平滑优化服务、轨迹跟踪算法优化服务和场景复位等模块。

2.1.1 规划模块 UI 面板设计及初始准备

1. 绘制面板基础框架

如图 2.1 所示,在层级栏新建一个"Canvas"对象,生成 UI 面板绘制区域。随后在"Canvas"对象下创建"Panel"和"Text"对象来绘制面板背景并添加文本信息。创建空对象,命名为"框架",将上述"Panel"和"Text"内容整体移入,然后调整"框架"对象的位置,将面板移至合适的位置,效果如图 2.2 所示。

2. 绘制控件和数据可视化栏

在"Canvas"对象下创建"路径规划"空对象,并在其下创建"Text"与"Button1"子级,分别用于实时数据显示和算法运行控制服务,流程如图 2.3 所示。

第 2 章　移动机器人规划控制算法优化服务框架

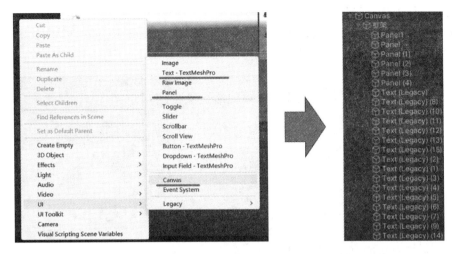

图 2.1　创建 UI 面板元素

图 2.2　规划模块 UI 面板文本信息

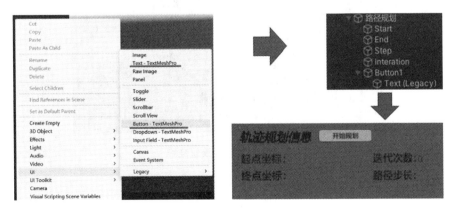

图 2.3　规划模块 UI 面板控件与数据可视化

3. 轨迹线可视化初始化设置

轨迹规划过程轨迹线可视化设置：在"car"对象中添加"Line Renderer"组件，并通过对其"Width"参数进行调节，获得合适的轨迹线宽度，如图 2.4 所示。

图 2.4　规划过程轨迹线

规划结果及优化结果轨迹线可视化设置：在层级栏中新建"Line1"空对象，并添加"Line Renderer"组件；然后进行线宽调整，并在"Line Renderer"组件"Color"项中选择不同颜色以便区别，在"Transform"组件中调整 Y 方向位置以便查看；结果如图 2.5 所示。

图 2.5　规划结果轨迹线

2.1.2　规划模式脚本设计

下面以 RRT（快速搜索随机树）轨迹规划算法为例进行规划模式脚本设计。

1. 初始化设置

创建 C# 脚本,并添加命名空间如下:

```
1. using UnityEngine;
2. using System.Collections.Generic;
3. using System.Collections;
4. using System.IO;
5. using System.Text;
6. using UnityEngine.UI;
7. using System;
```

声明轨迹规划算法、轨迹存储、轨迹可视化以及数据可视化等相关变量的代码如下:

```
1.  public Vector3 startPoint=Vector3.zero;//路径规划起点
2.  public Vector3 endPoint=new Vector3(25,0,25);//路径规划终点
3.  public int maxIterations=1000;//算法最高迭代次数
4.  public float expandDistance=0.25f;//算法每步扩展距离
5.  public float goalBias=0.3f;//RRT算法随机采样点为终点概率
6.  public LineRenderer pathLineRenderer;//获取 Line1 对象的"LineRenderer"
7.  public TextdisplayText_start;//用于输出的字符串变量
8.  public TextdisplayText_end; //用于输出的字符串变量
9.  public TextdisplayText_step; //用于输出的字符串变量
10. public TextdisplayText_interation; //用于输出的字符串变量
11. private RRT rrt;//调用 RRT 算法脚本
12. private LineRenderer lineRenderer;//用于轨迹线可视化
13. private bool isGenerating=false;//规划开启/关闭判别
```

在 Start 方法中进行进一步初始化操作,在脚本被启用时执行一次。首先,分别将轨迹规划起始点坐标和路径步长信息转为字符串文本赋值给对应变量。然后,进行 RRT 算法的相关初始化参数设置。其次,获取"car"对象轨迹线。最后进行按钮监听设置。具体程序段如下:

```
1.  void Start()//代码在开始时执行内容
2.  {
3.      displayText_start.text=startPoint.ToString();
4.      displayText_end.text=endPoint.ToString();
5.      displayText_step.text=expandDistance.ToString();
6.      rrt=new RRT(startPoint);//开始 RRT 算法规划
7.      rrt.goalPoint=endPoint;//确定 RRT 算法路径规划终点
8.      rrt.expandDistance=expandDistance;//确定 RRT 算法路径规划每步扩展距离
9.      rrt.maxIterations=maxIterations;//确定 RRT 算法路径规划最高迭代次数
10.     lineRenderer=GetComponent<LineRenderer>();//获取轨迹规划过程轨迹线
11.     //查找名字为 "Button1" 的物体
12.     GameObject buttonObject1=GameObject.Find("Button1");
13.     Button buttonComponent1=buttonObject1.GetComponent<Button>();
14.     //添加按钮点击事件监听器
15.     buttonComponent1.onClick.AddListener(OnClick1);
16. }
```

编写"OnClick1"函数,当按下"Button1"时开启轨迹规划,具体代码如下:

```
1.   void OnClick1()
2.   {
3.       //调用脚本中的方法启动轨迹规划协程
4.       StartTreeGeneration();
5.   }
```

2. 轨迹规划过程可视化实现

首先,在开启规划算法协程前进行当前规划开启状态判断,代码如下:

```
1.   public void StartTreeGeneration()//RRT可视化协程初始化
2.   {
3.       if (! isGenerating)//若规划处于关闭状态则开启规划
4.       {
5.           isGenerating=true;//将规划状态调至开启
6.           StartCoroutine(GenerateTreeCoroutine());
7.       }
8.   }
```

规划过程可视化实现代码如下:

```
1.   IEnumerator GenerateTreeCoroutine()//RRT可视化
2.   {
3.       lineRenderer.positionCount=0;
4.       pathLineRenderer.positionCount=0;
5.       int drawInterval=10; // 每隔10次迭代进行一次绘制
6.       int drawCounter=0; // 绘制计数器
7.       int interation=0;//迭代次数计数
8.       bool pathFound=false;//找到目标轨迹判定,初始为非
9.       while (!pathFound)//若未找到目标轨迹则进行轨迹探索生成
10.      {
11.          pathFound=rrt.GenerateOneIteration();//由RRT算法脚本内部函数判断目标轨迹
                                                    生成情况
12.          drawCounter++;
13.          interation++;
14.          displayText_interation.text=interation.ToString();//显示当前规划迭代次数
15.          if (drawCounter >=drawInterval) // 每隔10次迭代进行一次轨迹绘制
16.          {
17.              ClearVisualization();//清除当前可视化轨迹
18.              DrawTree(rrt.rootNode);//轨迹探索过程可视化
19.              drawCounter=0; // 重置计数器
20.          }
21.          yield return null;
22.          if (pathFound)//找到目标轨迹则绘制出目标轨迹
23.          {
24.              DrawPath(rrt.goalNode); //目标轨迹可视化
25.              break;
```

```
26.        }
27.      }
28.      isGenerating=false;//轨迹规划过程结束
29.  }
```

轨迹清除实现代码如下：

```
1.  void ClearVisualization()
2.  {
3.      lineRenderer.positionCount=0;
4.      pathLineRenderer.positionCount=0;
5.  }
```

轨迹探索过程可视化实现代码如下：

```
1.  void DrawTree(RRT.Node node)
2.  {
3.      foreach (RRT.Node child in node.children)
4.      {
5.          DrawLine(node.position, child.position);
6.          DrawTree(child);
7.      }
8.  }
```

目标轨迹可视化实现代码如下：

```
1.  void DrawPath(RRT.Node node)
2.  {
3.      List<Vector3>pathPoints=new List<Vector3>();
4.      while (node!=null)
5.      {
6.          pathPoints.Add(node.position);
7.          node=node.parent;
8.      }
9.      pathLineRenderer.positionCount=pathPoints.Count;
10.     pathLineRenderer.SetPositions(pathPoints.ToArray());
11. }
```

2.1.3 规划模块运行

下面以 RRT 轨迹规划算法为例进行介绍。

首先将规划服务脚本拖入"car"对象的组件栏，然后将层级栏的相关对象拖入脚本对应的变量，如图 2.6 所示。

点击 Unity 运行按键，然后点击"开始规划"按钮，进行轨迹规划，流程如图 2.7 所示，规划过程和结果分别如图 2.8 和图 2.9 所示。

图 2.6 挂载脚本

图 2.7 规划模块启动流程

图 2.8 轨迹规划过程

图 2.9 轨迹规划结果

2.2 轨迹平滑优化模块

2.2.1 轨迹优化模块 UI 面板设计及初始准备

1. 绘制面板基础框架

重复前述操作,在层级栏"Canvas"对象中补充对应"Text"内容,并创建子级空对象,命名为"轨迹优化",并在其下创建"Text"与"Button2"子级,分别用于实时数据显示和算法运行控制服务,最终效果如图 2.10 所示。

图 2.10 轨迹优化模块 UI 面板

2. 规划结果及优化结果轨迹线可视化

在层级栏中新建"Line2"空对象,并添加"Line Renderer"组件,然后进行线宽调整。在"Line Renderer"组件"Color"项中选择不同颜色以便区别,并在"Transform"组件中调整 Y 方向位置以便查看,结果如图 2.11 所示。

图 2.11 轨迹优化结果轨迹线

2.2.2 轨迹优化模块脚本设计

1. 初始化设置

为简化程序,本模块代码在上述脚本中继续编写。首先声明轨迹可视化以及数据可视化等相关变量,代码如下:

```
1.  public GameObject lineRendererObject; // 获取 Line2 对象
2.  public int control_point=10;//控制点密度设置
3.  public float orbit_point=0.03f;//轨迹点密度设置
4.  public Text displayText_control; //控制点密度字符串变量
5.  public Text displayText_orbit; //轨迹点密度字符串变量
6.  private bool isOptimizing=false; //优化开启/关闭判别
```

在 Start 方法中进行进一步初始化操作补充。分别将用于轨迹优化的控制点个数和优化后的轨迹点密度信息转为字符串文本赋值给对应变量。然后,进行按钮监听设置。具体程序段如下:

```
1.  void Start()
2.  {
3.      displayText_control.text=control_point.ToString();
4.      displayText_orbit.text=orbit_point.ToString();
5.      //查找名字为 "Button2" 的物体
6.      GameObject buttonObject2=GameObject.Find("Button2");
7.      Button buttonComponent2=buttonObject2.GetComponent<Button>();
8.      //添加按钮点击事件监听器
9.      buttonComponent2.onClick.AddListener(OnClick2);
10. }
```

编写"OnClick2"函数,当按下"Button2"时开启轨迹优化,具体代码如下:

```
1.  void OnClick2()
2.  {
3.      //调用脚本中的方法启动协程
4.      StartOptimization();
5.  }
```

2. 轨迹平滑优化及结果可视化实现

首先,在开启优化算法协程前进行当前优化开启状态判断,代码如下:

```
1.  void StartOptimization()
2.  {
3.      if (!isOptimizing)
4.      {
5.          isOptimizing=true;
6.          StartCoroutine(OptimizePathCoroutine());
7.      }
8.  }
```

轨迹平滑优化及结果可视化实现代码如下:

```
1.  IEnumerator OptimizePathCoroutine()
2.  {
```

```
3.      List<Vector3>pathNodes=GetPathNodes(rrt.goalNode);//获取目标轨迹点
4.      List<Vector3>controlPoints=GetControlPoints(pathNodes);//获取控制点
5.      List<Vector3>optimizedPath=BezierCurve(controlPoints);//使用贝塞尔曲线进行平
                                                              滑优化并获取优化后
                                                              轨迹
6.      //将优化后的曲线绘制在物体上的Line Renderer组件上
7.      lineRendererObject.GetComponent<LineRenderer>().positionCount=optimizedPath.
        Count;
8.      lineRendererObject.GetComponent<LineRenderer>().SetPositions(optimizedPath.
        ToArray());
9.
10.     for (int i=0; i <controlPoints.Count; i++)
11.     {
12.         Debug.Log("控制点序号:" + i + ",坐标:" + controlPoints[i]);
13.     }
14.
15.     for (int i=0; i <optimizedPath.Count; i++)
16.     {
17.         Debug.Log("优化后的路径点序号:" + i + ",坐标:" + optimizedPath[i]);
18.
19.         //创建路径点对象
20.         GameObject pointObject=GameObject.CreatePrimitive(PrimitiveType.Sphere);
21.         pointObject.name="PathPoint" + i;
22.         pointObject.transform.position = new Vector3(optimizedPath[i].x, 1f,
            optimizedPath[i].z);
23.         pointObject.transform.localScale=new Vector3(0.025f, 0.025f, 0.025f);
24.         pointObject.GetComponent<Renderer>().material.color=Color.yellow;
25.     }
26.     yield return null;
27. }
```

获取目标轨迹点,实现代码如下:

```
1.  List<Vector3>GetPathNodes(RRT.Node goalNode)
2.  {
3.      List<Vector3>pathNodes=new List<Vector3>();
4.      RRT.Node currentNode=goalNode;
5.      while (currentNode ! =null)
6.      {
7.          pathNodes.Add(currentNode.position);
8.          currentNode=currentNode.parent;
9.      }
10.     pathNodes.Reverse();
11.     return pathNodes;
12. }
```

获取控制点,实现代码如下:

```
1.    List<Vector3>GetControlPoints(List<Vector3>pathNodes)
2.    {
3.        List<Vector3>controlPoints=new List<Vector3>();
4.        controlPoints.Add(startPoint);
5.        for (int i=0; i <pathNodes.Count; i +=control_point)
6.        {
7.            controlPoints.Add(pathNodes[i]);
8.        }
9.        controlPoints.Add(endPoint);
10.       //判断控制点总数是否是 5 的倍数
11.       int extraControlPointsCount=0;
12.       if (controlPoints.Count %5!=0)
13.       {
14.           extraControlPointsCount=5-(controlPoints.Count %5);
15.       }
16.
17.       //添加额外的控制点
18.       for (int i=0; i <extraControlPointsCount; i++)
19.       {
20.           controlPoints.Add(endPoint);
21.       }
22.       return controlPoints;
23.   }
```

利用贝塞尔曲线进行平滑优化，实现代码如下：

```
1.    List<Vector3>BezierCurve(List<Vector3>controlPoints)
2.    {
3.        List<Vector3>optimizedPath=new List<Vector3>();
4.        for (int i=0; i <controlPoints.Count-4; i +=4)
5.        {
6.            for (float t=0; t <=1; t +=orbit_point)
7.            {
8.                Vector3 point=CalculateBezierPoint(t, controlPoints[i], controlPoints
                    [i+1], controlPoints[i+2], controlPoints[i+3], controlPoints[i+4]);
9.                optimizedPath.Add(point);
10.           }
11.       }
12.       //添加终点
13.       optimizedPath.Add(controlPoints[controlPoints.Count - 1]);
14.       return optimizedPath;
15.   }
16.
17.   Vector3 CalculateBezierPoint (float t, Vector3 p0, Vector3 p1, Vector3 p2, Vector3
          p3, Vector3 p4)
18.   {
```

```
19.        float u=1 - t;
20.        float tt=t * t;
21.        float uu=u * u;
22.        float uuu=uu * u;
23.        float ttt=tt * t;
24.        float tttt=ttt * t;
25.        float uuuu=uuu * u;
26.        Vector3 p=uuuu * p0;
27.        p +=4 * uuu * t * p1;
28.        p +=6 * uu * tt * p2;
29.        p +=4 * u * ttt * p3;
30.        p +=tttt * p4;
31.        return p;
32.    }
```

2.2.3 轨迹优化模块运行

同样将脚本挂载到"car"对象上并运行程序,规划并获取目标轨迹后,点击"开始优化"按钮,生成优化轨迹,结果如图 2.12 所示。

图 2.12 轨迹优化结果

2.3 轨迹跟踪控制算法优化与数据存储模块

2.3.1 控制模块 UI 面板设计

重复前述操作,在层级栏"Canvas"对象中补充对应"Text"内容,并创建子级空对象,命名为"轨迹跟踪",并在其下创建"Text"与"Button3"子级,分别用于实时数据显示和算法运行控制服务;另创建子级空对象,命名为"运动状态",并在其下创建"Text"与"Button4"子级,分别用于实时数据显示和场景复位。最终效果如图 2.13 所示。

图 2.13　轨迹跟踪控制模块 UI 面板

2.3.2　控制模块脚本设计

下面以 PID 算法为例进行介绍。

1. 初始化设置

本模块代码依然在上述脚本中继续编写,首先声明轨迹跟踪、数据可视化以及数据存储等相关变量,代码如下:

```
1.  public StringBuilder sb=new StringBuilder();//创建一个 StringBuilder 来存储输出的数据
2.  //获取小车实际速度和角速度
3.  public float text_Velocity;
4.  public float text_Angularvelocity;
5.  //可视化小车实际速度和角速度
6.  public Text displayText_V;
7.  public Text displayText_AV;
8.  // PID 控制参数
9.  public float kp=1.2f;   // 比例增益
10. public float ki=0.3f; //积分增益
11. public float kd=0.1f; // 微分增益
12. //可视化 PID 控制参数
13. public Text PID_p;
14. public Text PID_i;
15. public Text PID_d;
16. //小车速度和角速度限制
17. private float maxSpeed;
18. private float maxAngularSpeed;
19. GameObject carObject;//获取"car"对象
20. DatabaseManager dbManager=new DatabaseManager();//连接数据库
21. List<Vector3>nearbyPathPoints=new List<Vector3>();//获取临近轨迹点
```

在 Start 方法中进行进一步初始化操作补充。首先获取当前移动机器人物理属性(运动约束等,已在第 1 章构建)。然后,将 PID 算法的参数信息转为字符串文本赋值给对应变量。最后,进行按钮监听设置,具体程序段如下:

```
1.    void Start()
2.    {
3.        GetCarData();//获取当前移动机器人运动属性
4.        //将 PID 相关参数转化为字符串以便后续可视化操作
5.        PID_p.text=kp.ToString();
6.        PID_i.text=ki.ToString();
7.        PID_d.text=kd.ToString();
8.        //查找名字为 "Button3" 的物体
9.        GameObject buttonObject3=GameObject.Find("Button3");
10.       Button buttonComponent3=buttonObject3.GetComponent<Button>();
11.       //添加按钮点击事件监听器
12.       buttonComponent3.onClick.AddListener(OnClick3);
13.   }
```

"GetCarData()"函数程序段如下:

```
1.    void GetCarData()
2.    {
3.        //获取小车的运动学模型脚本
4.        carObject=GameObject.Find("car");
5.        KinematicModel kinematicModel=carObject.GetComponent< KinematicModel> ();
6.        //获取运动约束相关参数
7.        maxSpeed=kinematicModel.maxSpeed;
8.        float maxAcceleration=kinematicModel.maxAcceleration;
9.        maxAngularSpeed=kinematicModel.maxAngularSpeed;
10.       float maxAngularAcceleration=kinematicModel.maxAngularAcceleration;
11.   }
```

编写"OnClick3"函数,当按下"Button3"时开启轨迹跟踪控制,具体代码如下:

```
1.    void OnClick3()
2.    {
3.        //调用脚本中的方法启动协程
4.        StartCoroutine(FollowOptimizedPathCoroutine());
5.    }
```

2. 轨迹跟踪控制及过程数据存储实现

首先,声明"FollowOptimizedPathCoroutine()"方法,代码如下:

```
1.    IEnumerator FollowOptimizedPathCoroutine()
2.    {
3.    }
```

然后,在"FollowOptimizedPathCoroutine()"方法内进行相关参数初始化,代码如下:

```
1.        List<Vector3>optimizedPath=GetOptimizedPath();//获取跟踪的目标轨迹
2.        float distanceToPoint=float.MaxValue;//小车到终点距离
3.        Vector3 previousPosition=carObject.transform.position;//获取上一时刻小车位置
4.        Quaternion previousRotation=carObject.transform.rotation;//获取上一时刻小车角度
```

```
5.      Vector3 a=new Vector3(carObject.transform.position.x, 0f, carObject.transform.
        position.z);//获取小车坐标
6.      Vector3 b=new Vector3(endPoint.x, 0f, endPoint.z);//获取终点坐标
7.      Rigidbody carRigidbody=carObject.GetComponent<Rigidbody>();//获取小车刚体组件
8.      float speed=0.00001f;//小车速度
9.      float maxspeed=0.75f;//小车最大速度
10.     float acceleration=0.2f;//小车加速度
11.     float t=0.02f;//时间步长
12.     float Deceleration_distance=0f;//最小减速距离
13.     float integral=0f;//角度误差积分项
14.     float lastError=0f;//上一时刻角度误差
15.     float lastAngularPidOutput=0f;//PID算法输出角速度控制量
16.     float maxAngularSpeed=60f;          // 角速度上限
17.     dbManager.ConnectToDatabase();//连接数据库
```

获取目标轨迹方法，实现代码如下：

```
1.      List<Vector3>GetOptimizedPath()
2.      {
3.          //获取优化后的路径点
4.          List<Vector3>pathNodes=GetPathNodes(rrt.goalNode);
5.          List<Vector3>controlPoints=GetControlPoints(pathNodes);
6.          List<Vector3>optimizedPath=BezierCurve(controlPoints);
7.
8.          return optimizedPath;
9.      }
```

进而在"FollowOptimizedPathCoroutine()"方法内采用 while 循环进行轨迹跟踪算法实现，代码如下：

```
1.      while (distanceToPoint>0.25f&&speed>0)
2.      {
3.      }
```

while 循环内代码段如下：

（1）以小车的中心点为圆心，搜索 1 m 半径内目标轨迹中的最近点。

```
1.      nearbyPathPoints.Clear();
2.      distanceToPoint=Vector3.Distance(endPoint, a);
3.      foreach (Vector3 pathPoint in optimizedPath)
4.      {
5.          //将小车和路径点的 y 坐标值设置为相同的值
6.          Vector3 carPosition = new Vector3(carObject.transform.position.x, 0.809f,
            carObject.transform.position.z);
7.          Vector3 pointPosition=new Vector3(pathPoint.x, 0.809f, pathPoint.z);
8.          float distanceToPathPoint=Vector3.Distance(carObject.transform.position, pathPoint);
9.
10.         if (distanceToPathPoint<1.2f)
11.         {
```

```
12.            nearbyPathPoints.Add(pathPoint);
13.        }
14.    }
15.    float minDistanceToTarget=float.MaxValue;
16.    Vector3 targetPosition=Vector3.zero;
17.    foreach (Vector3 pathPoint in nearbyPathPoints)
18.    {
19.        float distanceToTarget = Vector3.Distance ( pathPoint, optimizedPath
            [optimizedPath.Count-1]);
20.        if (distanceToTarget<minDistanceToTarget)
21.        {
22.            minDistanceToTarget=distanceToTarget;
23.            targetPosition=pathPoint;
24.        }
25.    }
26.    targetPosition.y=4f;
27.    Vector3 direction=(targetPosition - carObject.transform.position).normalized;
28.    direction.y=0f;
```

（2）计算速度和角速度控制量。

```
1.     Vector3 targetDirection=direction.normalized;
2.     Vector3 carDirection=carObject.transform.forward;
3.     float angleError=Vector3.SignedAngle(targetDirection, carDirection, Vector3.up);
4.
5.     //计算 PID 控制输出(用于角速度)
6.     float angularPidOutput=kp*angleError+ki*integral+kd* (angleError-lastError);
7.
8.     //限制角速度不超过上限
9.     angularPidOutput=Mathf.Clamp(angularPidOutput, -maxAngularSpeed, maxAngularSpeed);
10.    float x =lastAngularPidOutput;
11.    float difference=angularPidOutput-x;
12.    if (difference<-0.75)
13.    {
14.        lastAngularPidOutput=angularPidOutput;
15.        angularPidOutput=x-0.75f;
16.    }
17.    if (difference>0.75)
18.    {
19.        lastAngularPidOutput=angularPidOutput;
20.        angularPidOutput=lastAngularPidOutput+0.75f;
21.    }
22.    lastAngularPidOutput=angularPidOutput;
23.    //更新积分项和上一次的误差
24.    integral +=angleError*Time.fixedDeltaTime;
25.    lastError=angleError;
```

```
26.    if (speed<=maxspeed)
27.    {
28.        speed +=acceleration *  t;
29.    }
30.    Deceleration_distance=(maxspeed * maxspeed) / (2.* acceleration);
31.    if (Deceleration_distance>=distanceToPoint-0.3 && speed>=0)
32.    {
33.        speed-=2f * acceleration * t;
34.        if (speed<=0)
35.        {
36.            speed=0;
37.            text_Angularvelocity=0;
38.            text_Velocity=0;
39.        }
40.    }
```

(3)控制移动机器人运动。

```
1.    carRigidbody.velocity=carObject.transform.forward * speed;
2.
3.    carRigidbody.angularVelocity=Vector3.up * -angularPidOutput* t;
4.    //Debug.Log("angularPidOutput* t:"+angularPidOutput * t+"carRigidbody.angularVe
      locity:"+carRigidbody.angularVelocity.ToString("F6")+"angularPidOutput:"+angu
      larPidOutput);
5.    //获取当前位置和旋转
6.    Vector3 currentPosition=carObject.transform.position;
7.    Quaternion currentRotation=carObject.transform.rotation;
8.
9.    CalculateVelocityAndAngularVelocity (previousPosition, previousRotation, current
      Position, currentRotation);
10.
11.   //更新前一次的位置和旋转
12.   previousPosition=currentPosition;
13.   previousRotation=currentRotation;
14.
15.   yield return new WaitForFixedUpdate();
```

"CalculateVelocityAndAngularVelocity()"方法实现代码如下：

```
1.    void CalculateVelocityAndAngularVelocity (Vector3 previousPosition, Quaternion
      previousRotation, Vector3 currentPosition, Quaternion currentRotation)
2.    {
3.        //计算速度和角速度
4.        Vector3 velocity=(currentPosition- previousPosition) / Time.deltaTime;
5.        Quaternion deltaRotation=currentRotation*Quaternion.Inverse(previousRotation);
6.        float angle=0f;
7.        Vector3 axis=Vector3.zero;
8.        deltaRotation.ToAngleAxis(out angle, out axis);
```

```
9.          Vector3 angularVelocity=axis * (angle * Mathf.Deg2Rad) / Time.deltaTime;
10.         text_Velocity=velocity.magnitude;
11.         text_Angularvelocity=angularVelocity.y * 57.2958f;
12.         //输出速度和角速度
13.         Debug.Log("Velocity: "+text_Velocity+" Angular Velocity: "+text_Angularvelocity+
            " Nearby Path Points Count: "+nearbyPathPoints.Count);
14.         displayText_V.text=text_Velocity.ToString();
15.         displayText_AV.text=text_Angularvelocity.ToString();
16.         //输出速度和角速度
17.         sb.AppendLine("Velocity:, "+velocity.magnitude+", Angular Velocity:, "+angular
            Velocity.y*57.2958f);
18.         dbManager.InsertIntoDatabase(velocity.magnitude, angularVelocity.y*57.2958f);
19.     }
```

过程数据存储代码如下：

```
1.      carRigidbody.velocity= carObject.transform.forward* 0;
2.      carRigidbody.angularVelocity= Vector3.up* 0;
3.      WriteDataToCSVFile();
4.      dbManager.ReadTableContents();
5.      dbManager.DisconnectFromDatabase();
```

"WriteDataToCSVFile()"方法实现代码如下：

```
1.  void WriteDataToCSVFile()
2.  {
3.      //获取代码所在的目录路径
4.      string directoryPath="C:\\Users\\13297\\Desktop\\data";
5.      string codePath=System.Reflection.Assembly.GetExecutingAssembly().Location;
6.      Debug.Log("代码文件所在路径:"+codePath);
7.      //将数据写入 CSV 文件
8.      string filePath=Path.Combine(directoryPath, "output.csv");
9.
10.     if (File.Exists(filePath))
11.     {
12.         Debug.Log("文件存在");
13.         try
14.         {
15.             File.WriteAllText(filePath, "这是一个新文件");
16.             Debug.Log("成功重新创建文件并覆盖原有文件");
17.         }
18.         catch (Exception e)
19.         {
20.             Debug.LogError("无法重新创建文件:"+e.Message);
21.         }
22.     }
23.     else
24.     {
```

```
25.            Debug.Log("文件不存在");
26.            try
27.            {
28.                File.WriteAllText(filePath, string.Empty);
29.                Debug.Log("成功创建新文件");
30.            }
31.            catch (Exception e)
32.            {
33.                Debug.LogError("无法创建新文件:"+e.Message);
34.            }
35.        }
36.
37.        File.WriteAllText(filePath, sb.ToString());
38.
39.        //输出成功写入的消息
40.        Debug.Log("成功写入 output.csv 文件");
41.    }
```

2.3.3 场景复位脚本设计

1. 初始化设置

在 Start 方法中补充按钮监听设置,具体程序段如下:

```
1.    void Start()
2.    {
3.        //查找名字为 "Button4" 的物体
4.        GameObject buttonObject4=GameObject.Find("Button4");
5.        Button buttonComponent4=buttonObject4.GetComponent<Button>();
6.        //添加按钮点击事件监听器
7.        buttonComponent4.onClick.AddListener(OnClick4);
8.    }
```

2. 复位方法实现

"ResetCarPose()"方法实现如下:

```
1.    void ResetCarPose()
2.    {
3.        //设置小车的初始位置
4.        Vector3 initialPosition=startPoint;
5.        initialPosition.y=0.809f; // 将 y 坐标固定为 0.809f
6.        carObject.transform.position=initialPosition;
7.
8.        //设置小车的初始旋转
9.        //carObject.transform.rotation=Quaternion.identity;
10.       StopAllCoroutines();
11.   }
```

2.4　虚实联动通信模块

Qt 是一个跨平台 C++图形用户界面应用程序开发框架。它既可以用于开发 GUI 程序，也可用于开发非 GUI 程序，比如控制台工具和服务器。Qt 是面向对象的框架，使用特殊的代码生成扩展以及一些宏，Qt 很容易扩展，并且允许真正的组件编程。在构建数字孪生系统的过程中，可以使用 Qt 方便地实现 TCP 通信。TCP 是一个用于数据传输的传输层网络协议，是面向数据流和连接的可靠的传输协议。以下将介绍如何使用 Qt 构建数字孪生系统的通信架构。

2.4.1　环境配置

添加环境变量，右击"计算机"→"属性"→"高级系统设置"→"高级"→"环境变量"，在"系统变量(S)"中选择"Path"，点击"编辑"，点击"新建"，点击"浏览"，找到并添加 Qt 安装目录的 bin 文件夹地址后点击"确定"，如图 2.14 和图 2.15 所示。

图 2.14　选择环境变量　　　　　　　图 2.15　添加路径

在 MySQL 安装目录下找到图 2.16 所示的两个库文件。

图 2.16　MySQL 库文件路径

将文件复制到 Qt 安装目录的 lib 文件夹下，如图 2.17 所示。

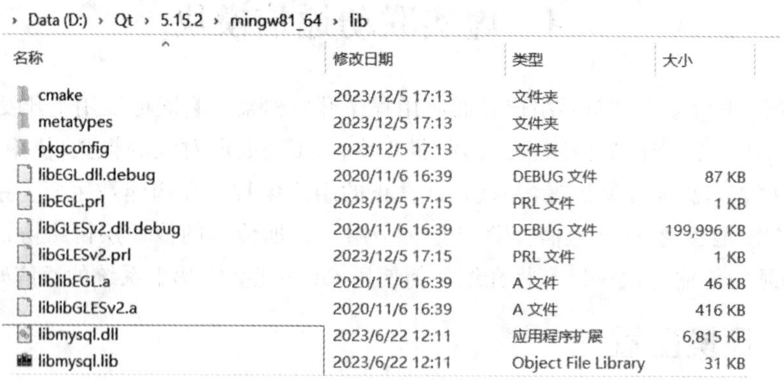

图 2.17 Qt 库文件添加路径

转到 Qt 目录下的 Qt\5.15.2\Src\qtbase\src\plugins\sqldrivers\mysql 目录中，双击该目录下的 mysql.pro，在 Qt Creator 中打开，如图 2.18、图 2.19 所示。

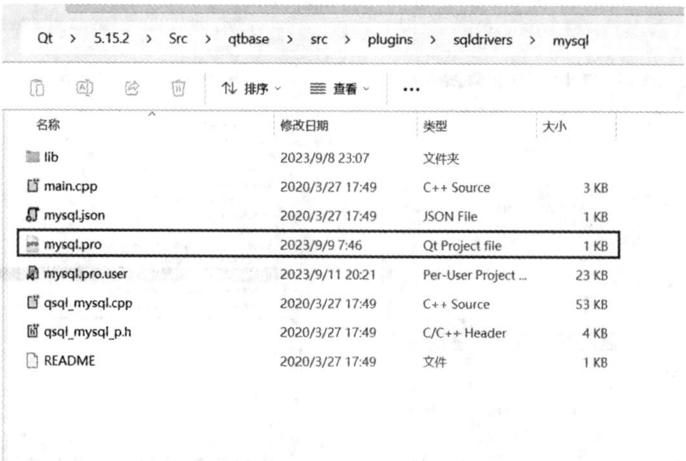

图 2.18 Qt 目录下 mysql 路径

修改这个项目文件，添加三句话，注释一句话，如图 2.20 所示。其中第一行中的路径，就是 MySQL 中 include 目录的路径，第二行中的路径，就是 MySQL 库的路径，第三行指示将 driver 输出到哪个文件夹下。

```
#mysql.pro

TARGET = qsqlmysql
HEADERS += $$PWD/qsql_mysql_p.h
SOURCES += $$PWD/qsql_mysql.cpp $$PWD/main.cpp


PLUGIN_CLASS_NAME = QMYSQLDriverPlugin

OTHER_FILES += mysql.json

QMAKE_USE += mysql

include(../qsqldriverbase.pri)
```

```
INCLUDEPATH += "D:\MySQL\include"
LIBS+="D:\MySQL\lib\libmysql.lib"
DESTDIR = ../mysql/lib
#QMAKE_USE += mysql
```

图 2.19 mysql.pro 在 Qt Creator 中打开   图 2.20 mysql.pro 文档内容修改

再点击"项目",取消勾选"Shadow build",如图 2.21 所示。
点击锤子图标构建项目,如图 2.22 所示。

图 2.21 "项目"选项中取消勾选"Shadow build"　　　　图 2.22 完成构建

在 lib 目录 Qt\5.15.2\Src\qtbase\src\plugins\sqldrivers\mysql\lib 下找到驱动文件 qsqlmysql.dll,将其复制到目录 Qt\5.15.2\mingw81_64\plugins\sqldrivers 下,如图 2.23 所示。

图 2.23 添加 qsqlmysql.dll 路径

2.4.2 在 Qt 中构建 TCP 客户端

在 Qt 中点击新建项目,"Base class"选择 QWidget,继续点击"下一步"新建一个 QWidget 项目,如图 2.24 所示。

创建后点击 pro 文件,打开后在第一行加上 network,如图 2.25 所示。

点击 ui 文件进入界面设计界面,如图 2.26 所示。

在界面中点击左侧的"Push Button"和"Line Edit",添加两个文本框和两个按钮并拖动,调整其在界面中的位置,如图 2.27 所示。

在项目中点击"widget.h",在头文件中输入图 2.28 所示的内容,添加 TCP 服务需要用到的库。

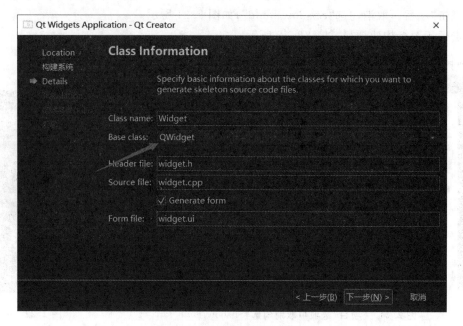

图 2.24 新建 QWidget 项目

图 2.25 pro 文件修改

图 2.26 界面设计对应的 ui 文件　　　　图 2.27 基础 UI 面板设计

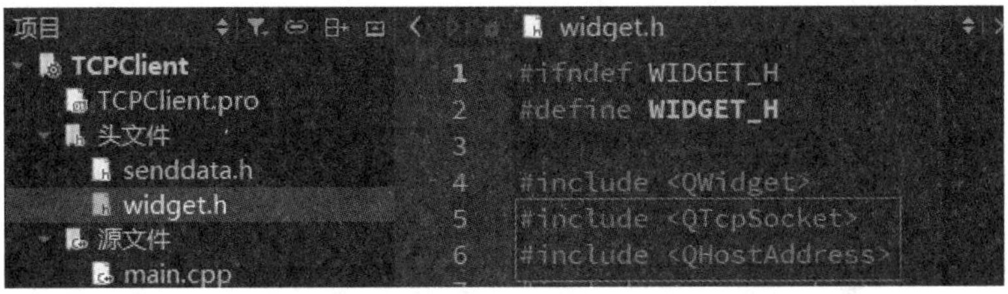

图 2.28 添加对应库到 widget.h 头文件

在 widget.h 中的 Widget 构造函数处声明 socket 变量,如图 2.29 所示。

在项目中点击"widget.cpp",在构造函数中创建 socket 实例,如图 2.30 所示。

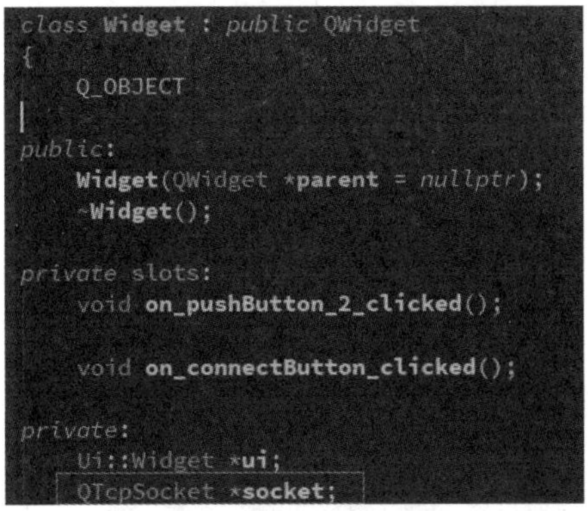

图 2.29 声明 socket 变量　　　　图 2.30 创建 socket 实例

在项目中点击"widget.ui",在界面中右键点击"连接"按钮转到编写该按钮的槽函数,如图 2.31 所示。

在 Qt 中,有一种回调技术的替代方法:那就是信号和槽机制。当特定事件发生时,Qt 会发出一个信号。Qt 的小部件中有许多预定义的信号,我们可以将小部件子类化,向它们添加自定义的信号。槽是响应特定信号的函数。Qt 的小部件中也有许多预定义的槽函数,通常情况下可以子类化小部件并添加自己的槽函数,这样就可以处理与之相关的信号了。此步骤中的槽函数就是用于处理点击"连接"按钮信号的函数。

在编写槽函数时,获取文本框输入的 IP 地址和端口号后发起连接,并调用 Qmessagebox 显示连接结果,如图 2.32 所示。

图 2.31 转到编写按钮槽函数 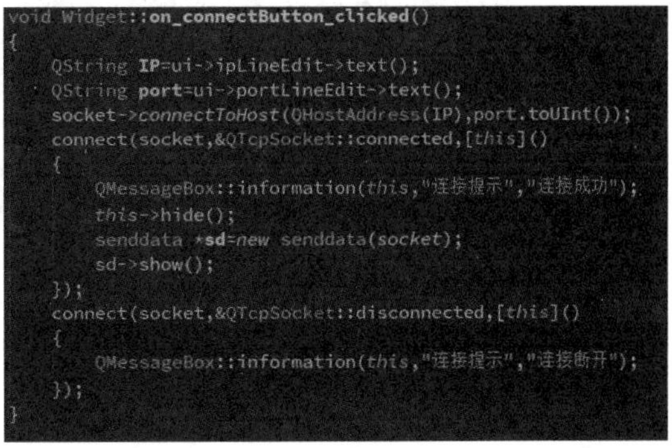　　　　图 2.32 调用 Qmessagebox 显示连接结果

函数编写完成后运行项目,在弹出的对话框中输入 IP 地址和端口号后点击"连接",测试成功结果如图 2.33 所示。

图 2.33 测试成功结果

2.4.3 Qt 连接 MySQL 数据库

在项目中点击 pro 文件,在第一行中添加 sql 以调用数据库连接功能,如图 2.34 所示。

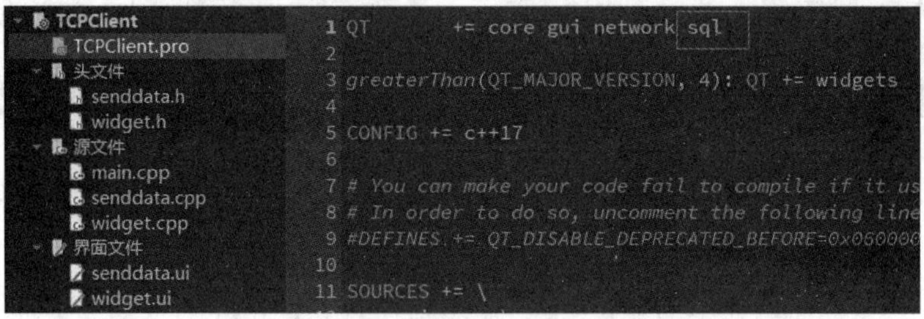

图 2.34 pro 文件中添加 sql

在项目中点击"widget.cpp",在 widget 的构造函数中编写程序,输入需要连接的数据库信息,发起连接并用 Qmessagebox 提示连接结果,如图 2.35 所示。

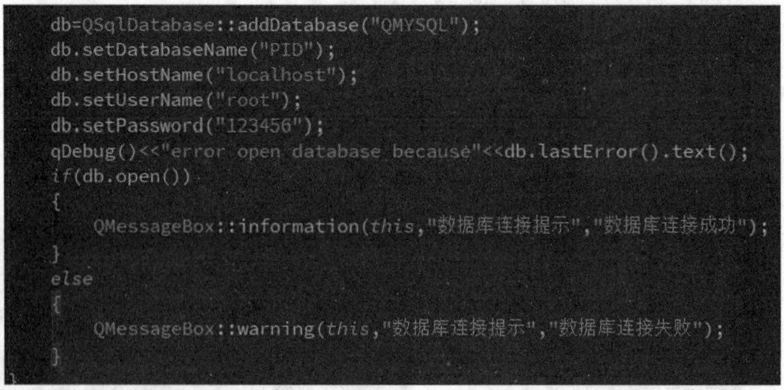

图 2.35 在 widget.cpp 文件的构造函数中编写程序

右键点击"界面文件",选择"添加新文件",新建用于数据库操作的新界面,如图 2.36 所示。选择"Qt 设计器界面类",如图 2.37 所示。

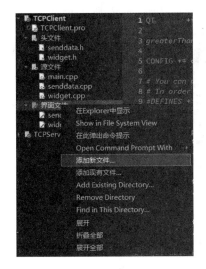 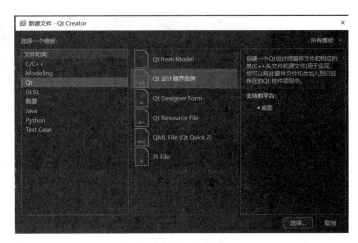

图 2.36　添加新文件　　　　　图 2.37　选择"Qt 设计器界面类"

选择 Widget 界面模板,如图 2.38 所示,点击"下一步"创建新界面。

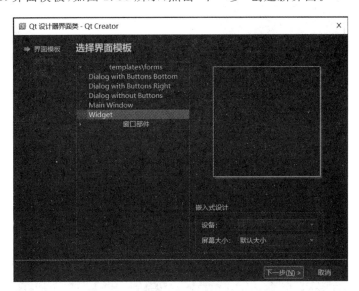

图 2.38　创建新界面

在项目中点击"widget.h",在 widget 头文件中添加 sql 相关的库,如图 2.39 所示。

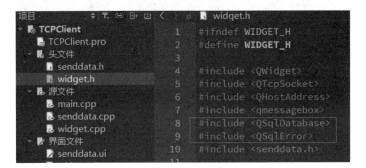

图 2.39　在 widget.h 头文件中添加 sql 相关的库

在项目中点击新建界面的头文件，添加 sql 展示模板的头文件，如图 2.40 所示。

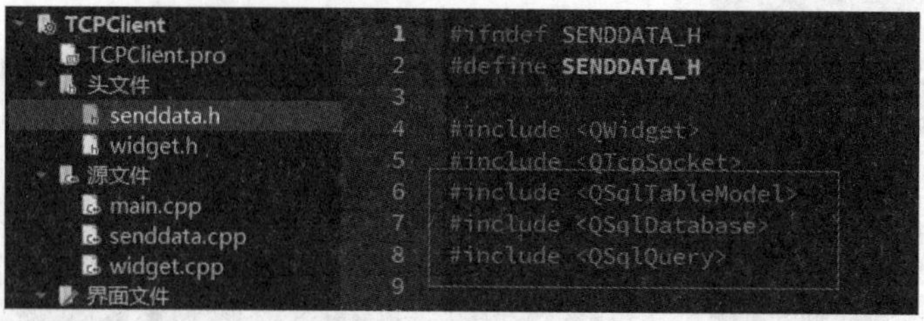

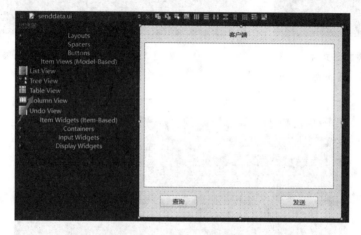

图 2.40　在新建界面的头文件中添加 sql 展示模板的头文件

在项目中点击新建界面的 ui 文件，在界面中点击右侧“Table View”，添加一个显示框并拖动调整其位置，点击“Push Botton”添加并拖动放置两个按钮，如图 2.41 所示。

图 2.41　客户端 UI 界面设计

在项目中点击“widget.cpp”，找到“连接”按钮的槽函数，添加图 2.42 所示的代码，以在客户端连接成功后，构造发送界面的实例并展示该界面。

```
void Widget::on_connectButton_clicked()
{
    QString IP=ui->ipLineEdit->text();
    QString port=ui->portLineEdit->text();
    socket->connectToHost(QHostAddress(IP),port.toUInt());
    connect(socket,&QTcpSocket::connected,[this]()
    {
        QMessageBox::information(this,"连接提示","连接成功");
        this->hide();
        senddata *sd=new senddata(socket);
        sd->show();
    });
    connect(socket,&QTcpSocket::disconnected,[this]()
    {
        QMessageBox::information(this,"连接提示","连接断开");
    });
}
```

图 2.42　修改“连接”按钮的槽函数

在项目中点击新建界面的 cpp 文件，在界面的构造函数中编写代码，将表格格式设置为 MySQL 中数据表的格式，如图 2.43 所示。

图 2.43　新界面构造函数修改

在项目中点击新建界面的 ui 文件,在界面中右键点击"查询"按钮,选择"转到槽",如图 2.44 所示,编写"查询"按钮的槽函数,查询数据表内容,如图 2.45 所示。

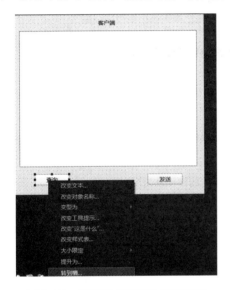

图 2.44　转到"查询"按钮的槽函数　　　图 2.45　添加代码段

运行该项目,在弹出窗口中点击"查询"按钮,结果如图 2.46 所示。

编写"发送"按钮的槽函数,查询数据表的内容并将数据转化为字节流发送给服务器,如图 2.47 所示。

图 2.46　数据查询结果　　　　　　　图 2.47　编写"发送"按钮的槽函数

重新运行项目,在弹框中点击"发送",在测试用服务器中可接收到客户端发送的数据,如图 2.48 所示,至此实现了仿真过程的运动数据的发送功能。

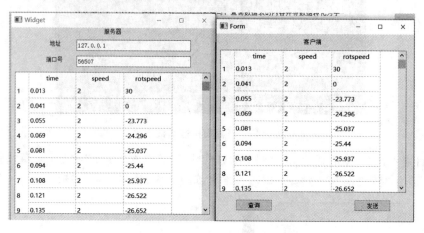

图 2.48　服务器接收客户端数据结果

2.4.4　代码及通信效果展示

1. 代码展示

1)客户端代码

主函数代码如下:

```
1.   //包含 widget.h 头文件,该文件可能包含 Widget 类的声明和定义
2.   # include "widget.h"
3.
4.   //包含 Qt 应用程序的头文件
5.   # include<QApplication>
6.
7.   //主函数,程序的入口点
8.   int main(int argc, char*argv[])
9.   {
10.      // 创建 Qt 应用程序对象,传递命令行参数
11.      QApplication a(argc, argv);
12.
13.      // 创建 Widget 类的实例
14.      Widget w;
15.
16.      //显示 Widget 窗口
17.      w.show();
18.
19.      // 运行应用程序的事件循环,等待用户交互和系统事件
20.      return a.exec();
21.   }
```

客户端登录界面头文件代码如下:

```
1.   # ifndef WIDGET_H
```

```
2.    # define WIDGET_H
3.
4.    # include<QWidget>
5.    # include<QTcpSocket>
6.    # include<QHostAddress>
7.    # include<QMessageBox>
8.    # include<mysql.h>
9.
10.   // Qt 命名空间的开始标记
11.   QT_BEGIN_NAMESPACE
12.   namespace Ui { class Widget; }
13.   // Qt 命名空间的结束标记
14.   QT_END_NAMESPACE
15.
16.   // Widget 类的声明,继承自 QWidget
17.   class Widget : public QWidget
18.   {
19.     Q_OBJECT// 使用 Qt 元对象系统,必须包含这个宏
20.
21.   public:
22.       //构造函数,可以传递一个父窗口指针,默认为 nullptr
23.       Widget(QWidget*parent=nullptr);
24.
25.       // 析构函数
26.       ~Widget();
27.
28.   private slots:
29.       // 槽函数,处理取消按钮的点击事件
30.       void on_cancelButton_clicked();
31.
32.       // 槽函数,处理连接按钮的点击事件
33.       void on_connectButton_clicked();
34.
35.   private:
36.       Ui::Widget * ui; // 指向 Ui::Widget 的指针,用于访问界面元素
37.       QTcpSocket * socket; // TCP 套接字,用于处理网络通信
38.   };
39.   # endif // WIDGET_H
```

登录界面实现代码如下:

```
1.    # include "widget.h"
2.    # include "ui_widget.h"
3.
4.    //构造函数的实现
5.    Widget::Widget(QWidget * parent)
```

```
6.      :QWidget(parent), ui(new Ui::Widget)
7.    {
8.        // 设置 UI
9.        ui->setupUi(this);
10.
11.       // 创建 socket 对象
12.       socket =new QTcpSocket;
13.   }
14.
15.       //析构函数的实现
16.       Widget::~ Widget()
17.   {
18.       // 删除 UI 对象
19.       delete ui;
20.   }
21.
22.   //取消按钮点击事件的槽函数
23.   void Widget::on_cancelButton_clicked()
24.   {
25.       // 关闭当前窗口
26.       this->close();
27.   }
28.
29.   //连接按钮点击事件的槽函数
30.   void Widget::on_connectButton_clicked()
31.   {
32.       // 获取输入的 IP 地址和端口号
33.       QString IP=ui->ipLineEdit->text();
34.       QString Port=ui->portLineEdit->text();
35.
36.       // 连接到服务器
37.       socket->connectToHost(QHostAddress(IP), Port.toShort());
38.
39.       // 连接成功时的信号处理
40.       connect(socket, &QTcpSocket::connected, [this]()
41.       {
42.           // 弹出连接成功的提示框
43.           QMessageBox::information(this, "连接提示", "连接服务器成功");
44.
45.           // 隐藏当前窗口
46.           this->hide();
47.
48.           // 创建 Mysql 对象,传递 socket 对象,显示 Mysql 窗口
49.           Mysql * c=new Mysql(socket);
```

```
50.         c->show();
51.     });
52.
53.     // 连接断开时的信号处理
54.     connect(socket, &QTcpSocket::disconnected, [this]()
55.     {
56.         // 弹出连接异常的提示框
57.         QMessageBox::warning(this, "连接提示", "连接异常,网络断开");
58.     });
59. }
```

客户端登录界面 UI 如图 2.49 所示。

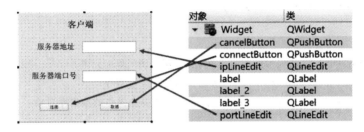

图 2.49 客户端登录界面 UI

2) 数据库查询界面代码

数据库查询界面头文件代码如下:

```
1.  #ifndef MYSQL_H
2.  #define MYSQL_H
3.
4.  #include<QWidget>
5.  #include<QTcpSocket>
6.  #include<QSqlDatabase>
7.  #include<QSqlError>
8.  #include<QSqlQuery>
9.  #include<QSqlDriver>
10. #include<QMessageBox>
11.
12. //命名空间 Ui 中包含 Mysql 类的声明
13. namespace Ui {
14. class Mysql;
15. }
16.
17. //Mysql 类继承自 QWidget
18. class Mysql : public QWidget
19. {
20.     Q_OBJECT// 使用 Qt 元对象系统,必须包含这个宏
21.
22. public:
```

```
23.     // 构造函数,接收一个 QTcpSocket 指针和一个父窗口指针(默认为 nullptr)
24.     explicit Mysql(QTcpSocket*s, QWidget*parent=nullptr);
25.
26.     // 析构函数
27.     ~ Mysql();
28.
29. private slots:
30.     // 槽函数,处理搜索按钮的点击事件
31.     void on_searchButton_clicked();
32.
33.     // 槽函数,处理发送按钮的点击事件
34.     void on_sendButton_clicked();
35.
36. private:
37.     Ui::Mysql*ui; // 指向 Ui::Mysql 的指针,用于访问界面元素
38.     QTcpSocket*socket; // 用于与服务器通信的 TCP 套接字
39.     QSqlDatabase db; // 用于连接和执行 MySQL 数据库操作的数据库对象
40.     };
41.
42. # endif // MYSQL_H
```

数据库查询界面实现代码如下:

```
1.  # include "mysql.h"
2.  # include "ui_mysql.h"
3.
4.      //声明全局变量
5.      QString id;
6.      QString velocity;
7.      QString angular_velocity;
8.      QString sid;
9.      QString svelocity;
10.     QString sangular_velocity;
11.     QString stotal;
12.
13.     //构造函数,接收 QTcpSocket 指针和 QWidget 指针,将其作为参数
14.     Mysql::Mysql(QTcpSocket*s, QWidget*parent):
15.         QWidget(parent),
16.         ui(new Ui::Mysql)
17.     {
18.         ui->setupUi(this);
19.         socket=s;
20.     }
21.
22.     //析构函数
23.     Mysql::~ Mysql()
```

```
24.    {
25.        delete ui;
26.    }
27.
28.    //搜索按钮点击事件处理函数
29.    void Mysql::on_searchButton_clicked()
30.    {
31.        // 连接数据库
32.        QString hostname="127.0.0.1";    // 请替换为实际的主机名或 IP 地址
33.        int port=3306;    // 请替换为实际的端口号
34.        QString dbname="sql_tutorial";    // 请替换为实际的数据库名称
35.        QString username="root";    // 请替换为实际的用户名
36.        QString password="123456";    // 请替换为实际的密码
37.
38.        // 使用 QMYSQL 加载 MySQL 数据库驱动
39.        db=QSqlDatabase::addDatabase("QMYSQL");
40.        db.setHostName(hostname);
41.        db.setPort(port);
42.        db.setDatabaseName(dbname);
43.        db.setUserName(username);
44.        db.setPassword(password);
45.
46.        // 尝试打开数据库连接
47.        if (db.open()) {
48.            // 连接成功
49.            qDebug() <<"Connected to the database!";
50.            QMessageBox::information(this, "连接提示", "连接成功");
51.
52.            // 创建一个 QSqlQuery 对象
53.            QSqlQuery query(db);
54.
55.            // 定义 SQL SELECT 语句,读取 motion_data 表的前三列数据
56.            QString sqlStatement ="SELECT id, velocity, angular_velocity FROM motion_data";
57.
58.            // 执行查询语句
59.            if (query.exec(sqlStatement)) {
60.                // 如果查询成功,获取结果
61.                while (query.next()) {
62.                    // 通过索引访问结果的每一列
63.                    id =query.value(0).toString();
64.                    velocity =query.value(1).toString();
65.                    angular_velocity=query.value(2).toString();
66.                    sid +=query.value(0).toString()+",";
```

```cpp
67.            svelocity +=query.value(1).toString()+",";
68.            sangular_velocity +=query.value(2).toString() +",";
69.            stotal +=id +","+velocity+","+angular_velocity+";";
70.
71.            // TODO: 处理检索到的值,可以根据需要进行处理
72.
73.            // 将值添加到相应的界面元素中
74.            ui->id->addItem(id);
75.            ui->velocity->addItem(velocity);
76.            ui->angular_velocity->addItem(angular_velocity);
77.            ui->total->addItem(id +";"+velocity+";"+angular_velocity);
78.
79.            // 输出调试信息
80.            qDebug() <<"\n" <<id <<", " <<velocity <<", " <<angular_velocity;
81.        }
82.    }else {
83.        // 如果查询失败,输出错误信息
84.        qDebug() <<query.lastError().text();
85.        QMessageBox::warning(this, "查询提示", "查询失败");
86.    }
87. }else {
88.    // 连接失败
89.    qDebug() <<"Failed to connect to the database: " <<db.lastError().text();
90.    QMessageBox::warning(this, "连接提示", "连接失败");
91.    }
92. }
93.
94. //发送按钮点击事件处理函数
95. void Mysql::on_sendButton_clicked()
96. {
97.    // 准备要发送的数据
98.    QString dataToSend=stotal;
99.
100.   // 将数据转换为字节数组
101.   QByteArray data=dataToSend.toUtf8();
102.
103.   // 发送数据到服务器
104.   socket->write(data);
105.
106.   // 等待数据被写入
107.   if (socket->waitForBytesWritten()) {
108.       qDebug() <<"数据已成功发送到服务器";
109.       QMessageBox::information(this, "连接提示", "数据已成功发送到服务器");
110.   }else {
```

```
111.        qDebug()<<"写入数据时发生错误: "<<socket->errorString();
112.        QMessageBox::warning(this,"连接提示","写入数据时发生错误");
113.    }
114. }
```

数据库查询界面 UI 如图 2.50 所示。

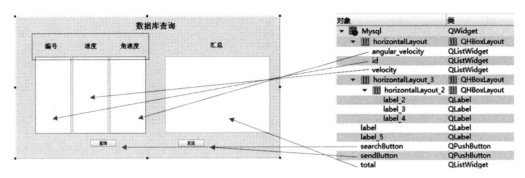

图 2.50　数据库查询界面 UI

3）服务器代码

服务器主函数代码如下：

```
1.   //包含 Widget 类的声明文件
2.   # include "widget.h"
3.
4.   //包含 Qt 应用程序头文件
5.   # include<QApplication>
6.
7.   //应用程序的入口点
8.   int main(int argc, char*argv[])
9.   {
10.      // 创建一个 Qt 应用程序对象
11.      QApplication a(argc, argv);
12.
13.      // 创建 Widget 类的实例
14.      Widget w;
15.
16.      // 显示主窗口
17.      w.show();
18.
19.      // 进入事件循环并启动应用程序
20.      return a.exec();
21.  }
```

服务器主界面头文件代码如下：

```
1.   # ifndef WIDGET_H
2.   # define WIDGET_H
3.
4.   # include<QWidget>
```

```cpp
5.   #include<QTcpServer>
6.   #include<QTcpSocket>
7.
8.   //定义服务器端口号
9.   #define PORT 8000
10.
11.  QT_BEGIN_NAMESPACE
12.  namespace Ui { class Widget; }
13.  QT_END_NAMESPACE
14.
15.  class Widget : public QWidget
16.  {
17.      Q_OBJECT
18.
19.  public:
20.      // 构造函数,parent 参数默认为 nullptr
21.      Widget(QWidget*parent=nullptr);
22.
23.      // 析构函数
24.      ~Widget();
25.
26.  private slots:
27.      // 处理新的客户端连接
28.      void newClientHandler();
29.
30.      // 处理客户端信息
31.      void clientInfoSlot();
32.
33.  private:
34.      // 指向 UI 类的指针
35.      Ui::Widget*ui;
36.
37.      // 用于监听客户端连接的 TCP 服务器
38.      QTcpServer*server;
39.  };
40.
41.  #endif // WIDGET_H
```

服务器主界面实现代码如下：

```cpp
1.   #include "widget.h"
2.   #include "ui_widget.h"
3.
4.   //构造函数实现
5.   Widget::Widget(QWidget*parent)
6.       :QWidget(parent)
```

```cpp
7.    ,ui(new Ui::Widget)
8.    {
9.        // 设置 UI
10.       ui->setupUi(this);
11.
12.       // 创建 TCP 服务器对象
13.       server=new QTcpServer;
14.
15.       // 监听任何 IPv4 地址和指定端口
16.       server->listen(QHostAddress::AnyIPv4, PORT);
17.
18.       // 当有新连接时,触发 newClientHandler 槽函数
19.       connect(server, &QTcpServer::newConnection,this, &Widget::newClientHandler);
20.   }
21.
22.   //析构函数实现
23.   Widget::~ Widget()
24.   {
25.       // 释放 UI 对象内存
26.       delete ui;
27.   }
28.
29.   //处理新的客户端连接
30.   void Widget::newClientHandler()
31.   {
32.       // 建立 TCP 连接
33.       QTcpSocket*socket=server->nextPendingConnection();
34.
35.       // 获取客户端地址和端口号
36.       socket->peerAddress();
37.       socket->peerPort();
38.
39.       // 在 UI 上显示客户端地址和端口号
40.       ui->ipLineEdit->setText(socket->peerAddress().toString());
41.       ui->portLineEdit->setText(QString::number(socket->peerPort()));
42.
43.       // 当服务器收到客户端发送的信息时,触发 clientInfoSlot 槽函数
44.       connect(socket, &QTcpSocket::readyRead,this, &Widget::clientInfoSlot);
45.   }
46.
47.   //处理客户端信息
48.   void Widget::clientInfoSlot()
49.   {
50.       // 获取信号发出者
```

```cpp
51.    QTcpSocket*s=(QTcpSocket*)sender();
52.
53.    // 读取客户端发送的所有数据
54.    QByteArray data=s->readAll();
55.
56.    // 将字节数组转换为字符串
57.    QString message(data);
58.
59.    // 分割数据
60.    QStringList dataList=message.split(';');
61.
62.    // 将分割后的数据添加到 List Widget 中
63.    foreach (const QString &item, dataList)
64.    {
65.        // 创建 QListWidgetItem 并将数据添加到 List Widget
66.        QListWidgetItem * listItem=new QListWidgetItem(item);
67.        ui->listWidget4->addItem(listItem);
68.    }
69.
70.    // 将分割后的数据添加到 List Widget 中
71.    foreach (const QString &item, dataList)
72.    {
73.        // 将每个分号分割后的数据再次按逗号分割
74.        QStringList subDataList=item.split(',');
75.
76.        // 进行调试输出
77.        qDebug()<<"subDataList 内容:";
78.        foreach (const QString &data, subDataList)
79.        {
80.            qDebug()<<data;
81.        }
82.
83.        // 确保数据块中有至少三个部分
84.        if (subDataList.size()>=3)
85.        {
86.            // 创建 QListWidgetItem 并将不同部分添加到相应的 List Widget
87.            QListWidgetItem*listItem1=new QListWidgetItem(subDataList[0]);
88.            ui->listWidget1->addItem(listItem1);
89.
90.            QListWidgetItem*listItem2=new QListWidgetItem(subDataList[1]);
91.            ui->listWidget2->addItem(listItem2);
92.
93.            QListWidgetItem*listItem3=new QListWidgetItem(subDataList[2]);
94.            ui->listWidget3->addItem(listItem3);
```

```
95.    }
96.   }
97.  }
```

服务器主界面 UI 如图 2.51 所示。

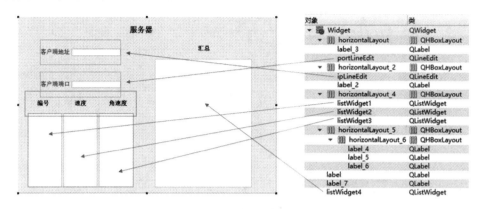

图 2.51　服务器主界面 UI

2. 通信效果展示

代码运行后,服务器和客户端界面如图 2.52 所示。

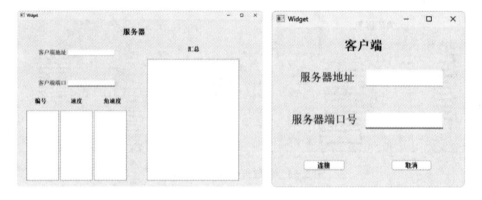

图 2.52　服务器和客户端界面

在客户端输入服务器地址和服务器端口号,这里由于服务器和客户端界面在同一计算机上运行,所以 IP 输入 127.0.0.1,端口号输入 8000,并点击"连接",会跳转到数据库查询界面,如图 2.53 所示,同时服务器会显示连接的客户端地址与端口号,如图 2.54 所示。

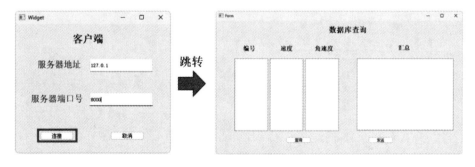

图 2.53　客户端运行效果

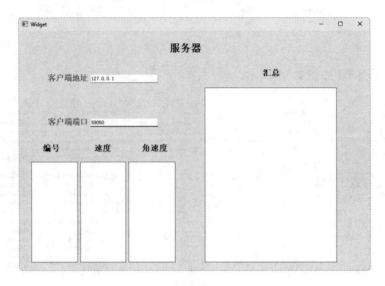

图 2.54 服务器运行效果

在数据库查询界面点击"查询",即可获取当前数据库内储存的移动机器人运行数据,在数据库查询界面点击"发送",即可将查询到的数据发送到服务器中,如图 2.55 所示。

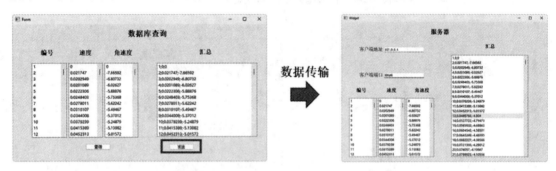

图 2.55 获取当前数据库内数据

第 3 章 移动机器人规划算法工程实践

路径规划是移动机器人在复杂场景中进行自主导航和探索前必须解决的基本问题之一,属于移动机器人大脑中的决策部分。从 20 世纪 60 年代中期开始,路径规划问题便引起了很多相关领域研究学者的关注与兴趣。路径规划问题一般被描述如下:给定一个移动机器人及其工作环境,机器人根据一定的性能标准,搜索出一条从初始状态到目标状态的最优无碰撞路径。移动机器人具备优良的路径规划能力,不仅可以大幅提高工作效率,还能降低能源损耗和资金成本。移动机器人的路径规划技术具有重要的应用价值,成为国内外该领域学者们的研究重点。

路径规划可以根据移动机器人周围环境的信息是否全部已知分为全局路径规划和局部路径规划两大类。其中全局路径规划关注整个环境的地图,旨在计算机器人从当前位置到目标位置的整体最优路径。全局路径规划主要适用于先验知识的处理和离线计算,具体算法主要包括 Dijkstra 算法、A^* 算法、RRT 算法以及遗传算法。局部路径规划则聚焦于机器人周围的实时环境信息,目标是在已知地图上生成短时间内可行的路径,以避免碰撞并绕过动态障碍物。局部路径规划主要用于响应并适应环境的动态变化,典型算法主要包括动态窗口算法和人工势场算法。下面将对 Dijkstra 算法、A^* 算法、RRT 算法、遗传算法、动态窗口算法以及人工势场算法进行介绍。

3.1 Dijkstra 算法

3.1.1 Dijkstra 算法基本原理

Dijkstra 算法,是由荷兰的计算机科学家 Edsger Wybe Dijkstra 于 1956 年提出的一种算法,它基于广度优先搜索的理论,用以解决单目标点的最短路径问题。该算法最初仅适用于寻找两个顶点之间的最短路径,后来演变成固定一个顶点,将其作为源节点,然后找到该顶点到图中所有其他节点的最短路径,产生一个最短路径树。每回合取出未访问节点中距离最小的,用该节点更新其他节点的距离,在找到 Dijkstra 算法目标点的最短路径后立即停止搜寻。基于该算法,当移动机器人发现目标节点后回溯出的全局路径一定为该环境下的最短路径。Dijkstra 算法的具体步骤如下,流程图如图 3.1 所示。

(1) 初始化阶段,根据节点信息构建集合 S 和集合 U(将已经找到最短路径的节点储存在集合 S 中,未遍历的节点储存在集合 U 中)。

(2) 集合 $S=\{a\}$,节点 a 代表起始节点,除节点 a 外的所有节点都储存在集合 U 中,准备遍历寻找。

(3) 根据两点间构成线段的距离信息,从集合 U 中找到距离节点 a 最近的节点 b,进而将节点 b 加入集合 S 中,将节点 b 从集合 U 中删除。此时集合 $S=\{a,b\}$。使用 $D(a,b)$ 表示节

点 a 和 b 之间的距离。

(4) 更新 b 为当前节点,重新计算集合 U 中各相邻节点与 b 的距离。找出新节点 c,若 $D(a,c)+D(c,b)<D(a,b)$,则将节点 c 加入集合 S 中,将节点 c 从集合 U 中删除,并更新 c 为新的当前节点。

(5) 重复第(3)步和第(4)步,直到集合中全部顶点加入集合 S。

(6) 根据上述步骤输出最短路径结果。

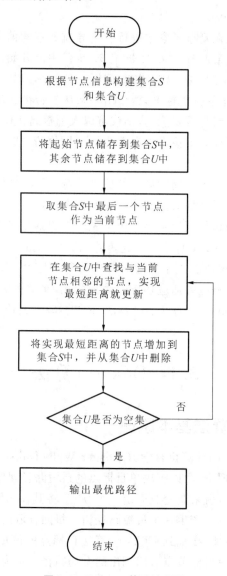

图 3.1　Dijkstra 算法流程图

　　Dijkstra 算法的优点在于保证了由起始节点扩展到每个节点的路径一定是由起始节点到该节点的最短路径,其缺点在于该算法由于不知道目标节点的具体位置,在寻找路径时需要在地图中对各个方向进行扩展,如图 3.2 所示,直到扩展范围涵盖目标节点为止,导致该算法缺乏探索目的性,效率较低。

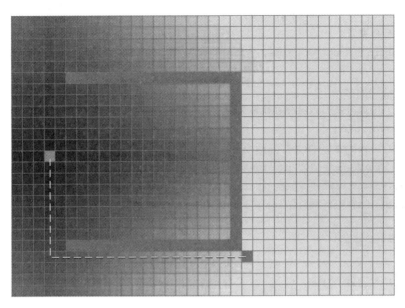

图 3.2 Dijkstra 算法扩展过程

3.1.2 Dijkstra 算法实例

Dijkstra 算法实例代码如下：

```
1.  namespace Dijkstra
2.  {
3.      ///<summary>
4.      ///枚举栅格类型
5.      ///</summary>
6.      public enum E_Node_Type
7.      {
8.          Walk,
9.          Stop,
10.     }
11.     ///<summary>
12.     ///DijkstraNode
13.     ///</summary>
14.     public class DijkstraNode
15.     {
16.         //坐标
17.         public int x;
18.         public int y;
19.         //到起点的总代价
20.         public float f;
21.         //到父节点的代价
22.         public float g;
23.         //父对象
```

```
24.     public DijkstraNode father;
25.     //栅格类型
26.     public E_Node_Type type;
27.
28.     ///<summary>
29.     ////构造函数 传入坐标和栅格类型
30.     ///</summary>
31.     ///<param name="x"></param>
32.     ///<param name="y"></param>
33.     ///<param name="type"></param>
34.     public DijkstraNode(int x,int y,E_Node_Type type)
35.     {
36.         this.x=x;
37.         this.y=y;
38.         this.type=type;
39.     }
40. }
41.
42. ///<summary>
43. ///Dijkstra
44. ///</summary>
45. public class DijkstraMgr
46. {
47.     ///<summary>
48.     ///DijkstraMgr 参数设置
49.     ///</summary>
50.     public List<Vector3>pathPoint=new List<Vector3>();//路径点
51.     public List<string>obstacleTags=new List<string>(){"Cylinder"};//障碍物标签
52.     private int mapW;
53.     private int mapH;
54.
55.     public DijkstraNode[,] nodes;
56.     private List<DijkstraNode>openList=new List<DijkstraNode>();
57.     private List<DijkstraNode>closeList=new List<DijkstraNode>();
58.
59.     ///<summary>
60.     ///初始化地图信息
61.     ///</summary>
62.     ///<param name="w"></param>
63.     ///<param name="h"></param>
64.     ///<param name=""></param>
65.     public void InitMapInfo(int w,int h)
66.     {
67.         this.mapW=w;
```

```csharp
68.        this.mapH=h;
69.
70.        nodes=new DijkstraNode[w,h];
71.        for(int i=0;i<w;++i)
72.        {
73.           for(int j=0;j<h;++j)
74.           {
75.              Vector3 position=new Vector3(i/10-5,0,j/10-5);
76.              DijkstraNode node=new DijkstraNode(i,j,IsInObstacleArea(position)?E_Node_Type.Stop:E_Node_Type.Walk);
77.              nodes[i,j]=node;
78.           }
79.        }
80.    }
81.
82.    ///<summary>
83.    ///寻路方法
84.    ///</summary>
85.    ///<param name="startPos"></param>
86.    ///<param name="endPos"></param>
87.    ///<returns></returns>
88.    public List<DijkstraNode>FindPath(Vector3 startPos,Vector3 endPos)
89.    {
90.        //栅格地图坐标
91.        startPos.x=10*(startPos.x+5);
92.        startPos.z=10*(startPos.z+5);
93.        endPos.x=10*(endPos.x+5);
94.        endPos.z=10*(endPos.z+5);
95.        //溢出
96.        if(startPos.x<0||startPos.x>=mapW||
97.           startPos.z<0||startPos.z>=mapH||
98.           endPos.x<0||endPos.z>=mapW||
99.           endPos.z<0||endPos.z>=mapH)
100.       {
101.          Debug.Log("Out of map");
102.          return null;
103.       }
104.
105.       //判断是否是障碍物
106.       DijkstraNode start=nodes[(int)startPos.x,(int)startPos.z];
107.       DijkstraNode end=nodes[(int)endPos.x,(int)endPos.z];
108.       if(IsInObstacleArea(startPos)==true||IsInObstacleArea(startPos)==true)
109.       {
110.          Debug.Log("obstacle");
```

```
111.            return null;
112.        }
113.
114.        //清空列表
115.        openList.Clear();
116.        closeList.Clear();
117.
118.        //把开始点放入关闭列表
119.        start.father=null;
120.        start.f=0;
121.        start.g=0;
122.        closeList.Add(start);
123.
124.        while(true)
125.        {
126.            FindNearlyNodeToOpenList(start.x-1,start.y-1,1.4f,start,end);//对角
127.            FindNearlyNodeToOpenList(start.x-1,start.y+1,1.4f,start,end);//对角
128.            FindNearlyNodeToOpenList(start.x+1,start.y-1,1.4f,start,end);//对角
129.            FindNearlyNodeToOpenList(start.x+1,start.y+1,1.4f,start,end);//对角
130.            FindNearlyNodeToOpenList(start.x-1,start.y,1,start,end);//十字
131.            FindNearlyNodeToOpenList(start.x+1,start.y,1,start,end);//十字
132.            FindNearlyNodeToOpenList(start.x,start.y-1,1,start,end);//十字
133.            FindNearlyNodeToOpenList(start.x,start.y+1,1,start,end);//十字
134.
135.            //死路判断
136.            if(openList.Count==0)
137.            {
138.                Debug.Log("death");
139.                return null;
140.            }
141.            //排序
142.            openList.Sort(SortOpenList);
143.            closeList.Add(openList[0]);
144.            start=openList[0];
145.            openList.RemoveAt(0);
146.
147.            if(start==end)
148.            {
149.                List<DijkstraNode>path=new List<DijkstraNode>();
150.                path.Add(end);
151.                while(end.father!=null)
152.                {
153.                    path.Add(end.father);
154.                    end=end.father;
```

```csharp
155.            }
156.            //列表翻转API
157.            path.Reverse();
158.            //对应实际地图坐标
159.            foreach(DijkstraNode node in path)
160.            {
161.              //Debug.Log($"node:{node.x},{node.y}");
162.              node.x=(node.x/10)-5;//(0-300)->(-5-25)
163.              node.y=(node.y/10)-5;//(0-300)->(-5-25)
164.              Vector3 point=new Vector3(node.x,0,node.y);
165.              pathPoint.Add(point);
166.            }
167.            return path;
168.        }
169.    }
170. }
171.
172.    ///<summary>
173.    ///排序函数
174.    ///</summary>
175.    ///<param name="a"></param>
176.    ///<param name="b"></param>
177.    ///<returns></returns>
178.    private int SortOpenList(DijkstraNode a,DijkstraNode b)
179.    {
180.      if(a.f>b.f)
181.        return 1;
182.      else if(a.f==b.f)
183.        return 1;
184.      else
185.        return -1;
186.    }
187.
188.    ///<summary>
189.    ///把临近点放入开启列表
190.    ///</summary>
191.    ///<param name="x"></param>
192.    ///<param name="y"></param>
193.    private void FindNearlyNodeToOpenList(int x,int y,float g,DijkstraNode father,DijkstraNode end)
194.    {
195.      if(x<0||y<0||x>=mapW||y>=mapH)
196.      {return;}
197.      DijkstraNode node=nodes[x,y];
```

```csharp
198.    if(node==null||node.type==E_Node_Type.Stop||
199.       closeList.Contains(node)||openList.Contains(node))
200.    {return;}
201.
202.    //记录父对象
203.    node.father=father;
204.    //计算损失
205.    node.f=father.f+g;
206.
207.    openList.Add(node);
208.  }
209.
210.  ///<summary>
211.  ///true:处于障碍物区域内
212.  ///false:不在任何障碍物区域
213.  ///</summary>
214.  ///<param name="position"></param>
215.  ///<returns></returns>
216.  public bool IsInObstacleArea(Vector3 position)//避障
217.  {
218.    foreach (stringobstacleTag in obstacleTags)
219.    {
220.      GameObject[] obstacles=GameObject.FindGameObjectsWithTag(obstacleTag);
221.      foreach(GameObject obstacle in obstacles)
222.      {
223.        Collider obstacleCollider=obstacle.GetComponent<Collider>();
224.        if(obstacleCollider!=null)
225.        {
226.          //创建一个新的边界框,边长大小是原来的边界框加上0.5米
227.          Bounds expandedBounds=obstacleCollider.bounds;
228.          expandedBounds.Expand(1.0f);//扩大边界框
229.
230.          if(expandedBounds.Contains(position))
231.          {
232.            return true;
233.          }
234.        }
235.      }
236.    }
237.    return false;
238.  }
239. }
240.}
```

3.2 A*算法

3.2.1 A*算法基本原理

A*算法作为一种启发式搜索算法,它在 Dijkstra 算法基础上加入了目标点到当前节点的估计路径代价,根据地图上从起始点经过当前节点到达目标点的估计路径代价决定搜索的方向,搜索效率大大提高。A*算法具有简单、高效、可操作性良好等优点,被广泛应用于静态全局路径规划。

A*算法采用的代价函数为 $f(n)=g(n)+h(n)$。其中 $f(n)$ 表示节点 n 的预测总代价;$g(n)$ 表示从起始点到节点 n 已经花费的真实代价;$h(n)$ 为启发式函数,代表从当前节点 n 到目标点的估计代价。启发函数 $h(n)$ 对 A*算法的计算有很大的影响,启发函数在总代价函数 $f(n)$ 中的权重越大,A*算法收敛的速度就越快,启发函数在总代价函数 $f(n)$ 中的权重越小,A*算法就收敛得越慢。启发函数中的 $h(n)$ 可以采用曼哈顿距离式、欧几里得距离式(式(3.1))和切比雪夫距离式((式3.2))形式来表示:

$$h(n) = |n_x - g_x| + |n_y - g_y| \tag{3.1}$$

$$h(n) = \sqrt{(n_x - g_x)^2 + (n_y - g_y)^2} \tag{3.2}$$

式中:n_x、n_y 代表节点 n 的坐标;g_x、g_y 代表目标点的坐标。

A*算法的流程图如图 3.3 所示,具体步骤如下。

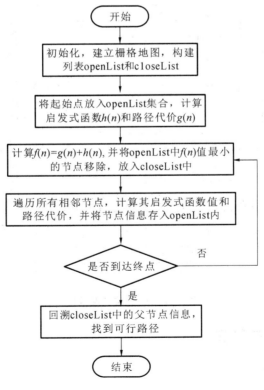

图 3.3 A*算法流程图

（1）初始化阶段，设置栅格地图与机器人起止位置，构建两个列表 openList 和 closeList。其中，openList 中存放候选检查的节点，而 closeList 存放已经检查过的节点。

（2）将起始点放入 openList，并设置其启发式函数值（通常为估计的当前节点到目标节点的最小代价 $h(n)$）和路径代价（通常为起始节点到当前节点的真实代价 $g(n)$）。

（3）从 openList 中选择一个节点，该节点具有最小的启发式函数值＋路径代价（$f(n)=g(n)+h(n)$），将该节点从 openList 中移除，并放入 closeList 中。

（4）遍历所有 openList 和 closeList 中都没有且可通行的相邻节点，计算其启发式函数值和路径代价并将节点信息存入 openList 内。

（5）重复第（3）步和第（4）步，直至达到目标点。

（6）当找到目标点时，通过回溯 closeList 父节点信息找到从起始点到目标点的路径。

在运动规划过程中，A*算法进行搜索时倾向于优先向目标点方向扩展，如图 3.4 所示。但当场景变得复杂时该算法需要大量时间进行扩展，效率较低，且不能保障路径曲线平滑，地图场景发生变化时需要重新进行搜索。

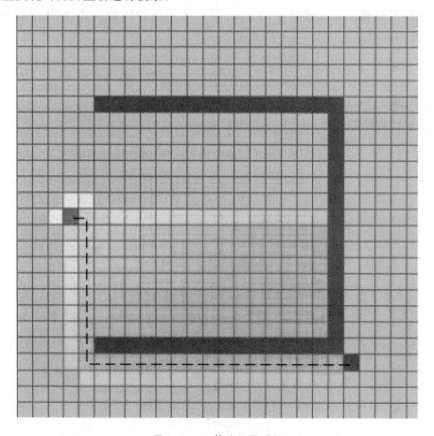

图 3.4　A*算法扩展过程

3.2.2　A*算法实例

A*算法实例代码如下：

```
1.  namespace AStar
2.  {
3.     ///<summary>
```

```
4.      ///枚举栅格类型
5.      ///</summary>
6.      public enum E_Node_Type
7.      {
8.        Walk,
9.        Stop,
10.     }
11.
12.     ///<summary>
13.     ///AStarNode
14.     ///</summary>
15.     public class AStarNode
16.     {
17.       //坐标
18.       public int x;
19.       public int y;
20.
21.       //总代价
22.       public float f;
23.       //到起点的距离
24.       public float g;
25.       //到终点的距离
26.       public float h;
27.
28.       //父对象
29.       public AStarNode father;
30.       //栅格类型
31.       public E_Node_Type type;
32.
33.       ///<summary>
34.       ////构造函数传入坐标和栅格类型
35.       ///</summary>
36.       ///<param name="x"></param>
37.       ///<param name="y"></param>
38.       ///<param name="type"></param>
39.       public AStarNode(int x,int y,E_Node_Type type)
40.       {
41.         this.x=x;
42.         this.y=y;
43.         this.type=type;
44.       }
45.     }
46.
47.
```

```
48.
49.    ///<summary>
50.    ///AStar
51.    ///</summary>
52.    public class AStarMgr
53.    {
54.
55.        ///<summary>
56.        ///AStarMgr 参数设置
57.        ///</summary>
58.        public List<Vector3>pathPoint=new List<Vector3>();//路径点
59.        public List<string>obstacleTags=new List<string>(){"Cylinder"};//障碍物标签
60.        private int mapW;
61.        private int mapH;
62.
63.        public AStarNode[,] nodes;
64.        private List<AStarNode>openList=new List<AStarNode>();
65.        private List<AStarNode>closeList=new List<AStarNode>();
66.
67.        ///<summary>
68.        ///初始化地图信息
69.        ///</summary>
70.        ///<param name="w"></param>
71.        ///<param name="h"></param>
72.        ///<param name=""></param>
73.        public void InitMapInfo(int w,int h)
74.        {
75.            this.mapW=w;
76.            this.mapH=h;
77.
78.            nodes=new AStarNode[w,h];
79.            for(int i=0;i<w;++i)
80.            {
81.                for(int j=0;j<h;++j)
82.                {
83.                    Vector3 position=new Vector3(i/10-5,0,j/10-5);
84.                    AStarNode node=new AStarNode(i,j,IsInObstacleArea(position)?E_Node_Type.Stop:E_Node_Type.Walk);
85.                    nodes[i,j]=node;
86.                }
87.            }
88.        }
89.
90.        ///<summary>
```

```csharp
91.     ///寻路方法
92.     ///</summary>
93.     ///<param name="startPos"></param>
94.     ///<param name="endPos"></param>
95.     ///<returns></returns>
96.     public List<AStarNode> FindPath(Vector3 startPos,Vector3 endPos)
97.     {
98.         //栅格地图坐标
99.         startPos.x=10*(startPos.x+5);
100.        startPos.z=10*(startPos.z+5);
101.        endPos.x=10*(endPos.x+5);
102.        endPos.z=10*(endPos.z+5);
103.        //溢出
104.        if(startPos.x<0||startPos.x>=mapW||
105.           startPos.z<0||startPos.z>=mapH||
106.           endPos.x<0||endPos.z>=mapW||
107.           endPos.z<0||endPos.z>=mapH)
108.        {
109.            Debug.Log("Out of map");
110.            return null;
111.        }
112.
113.        //判断是否是障碍物
114.        AStarNode start=nodes[(int)startPos.x,(int)startPos.z];
115.        AStarNode end=nodes[(int)endPos.x,(int)endPos.z];
116.        if(IsInObstacleArea(startPos)==true||IsInObstacleArea(startPos)==true)
117.        {
118.            Debug.Log("obstacle");
119.            return null;
120.        }
121.
122.        //清空列表
123.        openList.Clear();
124.        closeList.Clear();
125.
126.        //把开始点放入关闭列表
127.        start.father=null;
128.        start.f=0;
129.        start.g=0;
130.        start.h=0;
131.        closeList.Add(start);
132.
133.        while(true)
134.        {
```

```
135.        FindNearlyNodeToOpenList(start.x-1,start.y-1,1.4f,start,end);//对角
136.        FindNearlyNodeToOpenList(start.x-1,start.y+1,1.4f,start,end);//对角
137.        FindNearlyNodeToOpenList(start.x+1,start.y-1,1.4f,start,end);//对角
138.        FindNearlyNodeToOpenList(start.x+1,start.y+1,1.4f,start,end);//对角
139.        FindNearlyNodeToOpenList(start.x-1,start.y,1,start,end);//十字
140.        FindNearlyNodeToOpenList(start.x+1,start.y,1,start,end);//十字
141.        FindNearlyNodeToOpenList(start.x,start.y-1,1,start,end);//十字
142.        FindNearlyNodeToOpenList(start.x,start.y+1,1,start,end);//十字
143.
144.        //死路判断
145.        if(openList.Count==0)
146.        {
147.          Debug.Log("death");
148.          return null;
149.        }
150.        //排序
151.        openList.Sort(SortOpenList);
152.        closeList.Add(openList[0]);
153.        start=openList[0];
154.        openList.RemoveAt(0);
155.
156.        if(start==end)
157.        {
158.          List<AStarNode>path=new List<AStarNode>();
159.          path.Add(end);
160.          while(end.father!=null)
161.          {
162.            path.Add(end.father);
163.            end=end.father;
164.          }
165.          //列表翻转 API
166.          path.Reverse();
167.          //对应实际地图坐标
168.          foreach(AStarNode node in path)
169.          {
170.            //Debug.Log($"node:{node.x},{node.y}");
171.            node.x=(node.x/10)-5;//(0-300)->(-5-25)
172.            node.y=(node.y/10)-5;//(0-300)->(-5-25)
173.            Vector3 point=new Vector3(node.x,0,node.y);
174.            pathPoint.Add(point);
175.          }
176.          return path;
177.        }
178.      }
```

```csharp
179.        }
180.
181.        ///<summary>
182.        ///排序函数
183.        ///</summary>
184.        ///<param name="a"></param>
185.        ///<param name="b"></param>
186.        ///<returns></returns>
187.        private int SortOpenList(AStarNode a,AStarNode b)
188.        {
189.          if(a.f>b.f)
190.            return 1;
191.          else if(a.f==b.f)
192.            return 1;
193.          else
194.            return-1;
195.        }
196.
197.        ///<summary>
198.        ///把临近点放入开启列表
199.        ///</summary>
200.        ///<param name="x"></param>
201.        ///<param name="y"></param>
202.        private void FindNearlyNodeToOpenList(int x,int y,float g,AStarNode father,AStarNode end)
203.        {
204.          if(x<0||y<0||x>=mapW||y>=mapH)
205.          {return;}
206.          AStarNode node=nodes[x,y];
207.          if(node==null||node.type==E_Node_Type.Stop||
208.            closeList.Contains(node)||openList.Contains(node))
209.          {return;}
210.          //记录父对象
211.          node.father=father;
212.          //计算损失
213.          node.g=father.g+g;
214.          node.h=Mathf.Abs(end.x-node.x)+Mathf.Abs(end.y-node.y);
215.          node.f=node.g+node.h;
216.          openList.Add(node);
217.        }
218.
219.        ///<summary>
220.        ///true:处于障碍物区域内
221.        ///false:不在任何障碍物区域
```

```
222.    ///</summary>
223.    ///<param name="position"></param>
224.    ///<returns></returns>
225.    public bool IsInObstacleArea(Vector3 position)//RRT算法避障
226.    {
227.        foreach (string obstacleTag in obstacleTags)
228.        {
229.            GameObject[] obstacles=GameObject.FindGameObjectsWithTag(obstacleTag);
230.            foreach (GameObject obstacle in obstacles)
231.            {
232.                Collider obstacleCollider=obstacle.GetComponent<Collider>();
233.                if(obstacleCollider!=null)
234.                {
235.                    //创建一个新的边界框,大小是原来的边界框尺寸加上 0.5 米
236.                    Bounds expandedBounds=obstacleCollider.bounds;
237.                    expandedBounds.Expand(0.5f);//扩大边界框
238.                    if(expandedBounds.Contains(position))
239.                    {
240.                        return true;
241.                    }
242.                }
243.            }
244.        }
245.        return false;
246.    }
247. }
248. }
```

3.3 RRT 算法

3.3.1 RRT 算法基本原理

快速搜索随机树算法,简称 RRT(rapidly-exploring random tree)算法,由美国科学家 LaValle 在 1998 年提出,它可以等概率地对工作空间进行搜索,用于解决高维空间内的规划问题。RRT 算法通过快速采样空间进行扩展,从起点开始扩展,并使路径扩展到足够接近目标点。在每次迭代中,路径都会扩展到离随机生成的顶点最近的顶点,其中"最近的顶点"根据欧几里得、曼哈顿等几何距离来度量和选择。该算法的优点在于其采用随机采样的规划方法,不需要对状态空间进行预处理,搜索速度快,而且在搜索的过程中可以考虑机器人客观存在的约束(非完整约束、动力学约束、运动学约束),从而能够有效地解决复杂环境下的运动规划问题。RRT 算法的具体步骤如下,流程图如图 3.5 所示。

(1) 初始化整个空间,输入 x_{init},并根据输入节点生成随机树的根节点;

(2) 在自由空间内任意生成一个随机节点 x_{rand};

(3) 循环遍历随机树的所有节点,找到与当前随机节点最近的一个节点,记为 x_{near};

(4) 根据给定的 Δt,在 x_{near} 与 x_{rand} 的连线上以步长 ε 截取新的节点 x_{new};

(5) 判断新的节点 x_{new} 是否满足非完整约束条件并通过障碍物检测,若满足则将 x_{new} 加入随机树中,否则将 x_{new} 还原为上一步中的节点;

(6) 循环第(2)步至第(5)步,判断 x_{new} 与目标节点 x_{goal} 之间的距离,若小于给定的距离 d,则表示搜索到相应的规划路径,结束循环,否则继续当前步骤。

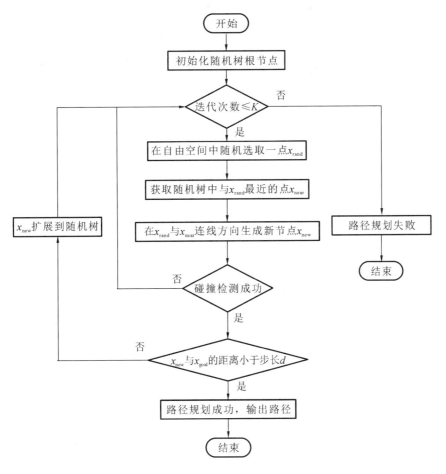

图 3.5　RRT 算法流程图

RRT 算法主要有以下缺陷:(1)采用全局的均匀随机采样策略,导致算法耗费较大代价,收敛速度慢;(2)在解决具有复杂约束的机器人规划问题时,度量函数(最近邻算法)可能是影响算法有效性的一个瓶颈;(3)算法的随机性会导致生成的路径不平滑,无法被非完整约束机器人直接执行。RRT 算法示意图如图 3.6 所示。

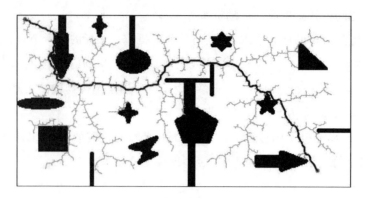

图 3.6　RRT 算法示意图

3.3.2　RRT 算法实例

RRT 算法实例代码如下：

```
1.  using System.Collections;
2.  using System.Collections.Generic;
3.  using UnityEngine;
4.  public class RRT
5.  {
6.      public Node rootNode;//路径点
7.      public float expandDistance=0.1f;//每步步长
8.      public int maxIterations=2000;//最高迭代次数
9.      public Vector3 goalPoint;//终点
10.     public float goalBias=0.1f;//采样点为终点的概率
11.     public List<string>obstacleTags=new List<string>(){"Cylinder"};//障碍物标签
12.     public class Node
13.     {
14.         public Vector3 position;
15.         public Node parent;//父节点
16.         public List<Node>children=new List<Node>();//子节点
17.     }
18.     public RRT(Vector3 start)
19.     {
20.         rootNode=new Node();//初始化
21.         rootNode.position=start;//第一个路径点为起点
22.         rootNode.parent=null;//起点无父节点
23.     }
24.     public Node GetRandomNode()//随机采样点生成
25.     {
26.         if(Random.value<goalBias)//随机采样点为终点的概率
27.             return new Node {position=goalPoint};
28.         else
29.             return new Node
30.             {
```

```
31.            position=new Vector3(Random.value*25,0,Random.value*25)//随机采样点范围
32.         };
33.     }
34.     public Node Nearest(NoderandomNode)//找到距离随机采样点最近的RRT节点
35.     {
36.         return Nearest(rootNode,randomNode);
37.     }
38.     private Node Nearest(NodecurrentNode,Node targetNode)//寻找距离采样点最近节点具体功能实现
39.     {
40.         Node bestNode=currentNode;
41.         float bestDistance = Vector3.Distance(currentNode.position,targetNode.position);
42.         foreach (Node child incurrentNode.children)
43.         {
44.             Node node=Nearest(child,targetNode);
45.             float distance=Vector3.Distance(node.position,targetNode.position);
46.             if(distance<bestDistance)
47.             {
48.                 bestDistance=distance;
49.                 bestNode=node;
50.             }
51.         }
52.         return bestNode;
53.     }
54.     public bool IsInObstacleArea(Vector3 position)//RRT算法避障
55.     {
56.         foreach (string obstacleTag in obstacleTags)
57.         {
58.             GameObject[] obstacles=GameObject.FindGameObjectsWithTag(obstacleTag);
59.             foreach (GameObject obstacle in obstacles)
60.             {
61.                 Collider obstacleCollider=obstacle.GetComponent<Collider>();
62.                 if(obstacleCollider!=null)
63.                 {
64.                     //创建一个新的边界框,大小是原来的边界框尺寸加上0.5米
65.                     Bounds expandedBounds=obstacleCollider.bounds;
66.                     expandedBounds.Expand(0.5f);//扩大边界框
67.
68.                     if(expandedBounds.Contains(position))
69.                     {
70.                         return true;
71.                     }
72.                 }
73.             }
```

```
74.        }
75.        return false;
76.    }
77.    public Node Expand(Node nearest,NoderandomNode)//RRT 扩展
78.    {
79.        Vector3 direction=(randomNode.position-nearest.position).normalized;
80.        Node newNode=new Node();
81.        newNode.position=nearest.position+direction*expandDistance;
82.        newNode.parent=nearest;
83.        if(IsInObstacleArea(newNode.position))
84.        {
85.            return null;
86.        }
87.        return newNode;
88.    }
89.    public Node goalNode;
90.
91.    public void Generate()//迭代结束判断
92.    {
93.        for(int i=0;i<maxIterations;i++)
94.        {
95.            bool pathFound=GenerateOneIteration();
96.            if(pathFound)
97.            {
98.                break;
99.            }
100.       }
101.   }
102.   public bool GenerateOneIteration()//RRT 迭代
103.   {
104.       Node randomNode=GetRandomNode();
105.       Node nearestNode=Nearest(randomNode);
106.       Node newNode=Expand(nearestNode,randomNode);
107.       if(newNode==null)
108.           return false;
109.       nearestNode.children.Add(newNode);
110.       if(Vector3.Distance(newNode.position,goalPoint)<=expandDistance)
111.       {
112.           goalNode=newNode;
113.           return true;
114.       }
115.       return false;
116.   }
117. }
```

3.4 遗传算法

3.4.1 遗传算法基本原理

遗传算法(genetic algorithm,GA)由美国科学家 John Holland 及其团队于 20 世纪 70 年代提出。受达尔文进化论中自然选择和遗传学机理的启发,该算法是通过模拟生物朝着更加适应环境的方向发展的进化准则,从而衍生出的搜索最优解方法。通过计算机程序进行模拟运算,将求解过程类比为生物进化中染色体基因的交叉、变异等过程,在求解过程中构造三个基本的遗传算子(genetic operator):选择(selection)、交叉(crossover)、变异(mutation)。遗传算法根据每一轮迭代结果从候选解中选出最优解,当最优个体的适应度达到给定的阈值,最优个体的适应度和群体适应度不再上升,或者迭代次数达到预设的次数时,算法终止。

遗传算法是一种基于由一定数量个体组成的种群的算法,每个个体对应一条染色体,每个参数对应一个基因,众多基因的排列组合构成不同的染色体,即不同的个体,对应实际问题的一组可行解。遗传算法使用适应性函数或目标函数来评估种群中每个个体的适应性。

遗传算法从随机的初始种群开始,经过一系列进化操作后就在原有种群的基础上生成了一个新的种群,如此周而复始,不断重复该过程,直到算法达到初始设置的最大迭代次数或个体适应度达到给定的阈值,此时算法终止,并将进化过程中得到的总体中适应度最大的个体作为问题的全局最优解输出。

一般地,使用遗传算法进行运动规划的具体步骤如下,流程图如图 3.7 所示。

(1) 初始化种群。对染色体进行编码,并采用随机方式初始化整个种群。染色体编码方式有二进制编码、实数编码、排列编码等,往往根据实际问题的不同采用不同的编码方式。

(2) 计算个体适应度。根据定义的适应性函数评估种群中每个个体的适应度,并记录最优个体。

(3) 选择操作。根据个体适应度选择合适的个体遗传到下一代。常用的选择算子有轮盘对赌选择算子、锦标赛选择算子等。

(4) 交叉操作。个体之间通过交叉操作产生新个体,加快种群进化速度。常用的交叉算子有单点交叉算子、两点交叉算子和多点交叉算子。

(5) 变异操作。以一定概率随机修改个体的某一个或某一部分基因,以产生新的个体。常见的变异算子有两点互换算子、相邻互换算子、区间逆转算子等。

(6) 判断是否达到目标迭代次数,若达到目标迭代次数,则执行第(7)步,否则,重复第(2)步至第(6)步。

(7) 输出最优解,算法终止。

遗传算法具有实现简单、受外界影响小等特点,在解决复杂的规划问题时表现出强大的全局搜索能力,其独特的进化算子使问题的解具有一定的多样性和优越性,但也存在迭代速度慢、易陷入局部最优的缺陷。因此,在实际应用中,要根据具体问题特征对算法进行参数调整和优化,以达到最好的搜索效果,避免陷入局部最优。

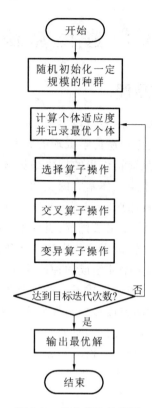

图 3.7　遗传算法流程图

3.4.2　遗传算法实例

遗传算法实例代码如下：

```
1.   using System;
2.   using System.Collections;
3.   using System.Collections.Generic;
4.   using System.Linq;
5.   using UnityEngine;
6.
7.   //优先队列创建
8.   public class PriorityQueue<T>
9.   {
10.  private List<Tuple<T,float>>elements=new List<Tuple<T,float>>();
11.
12.  public int Count=>elements.Count;
13.
14.  public void Enqueue(T item,float priority)
15.  {
16.      elements.Add(Tuple.Create(item,priority));
17.  }
18.
```

```csharp
19.    public T Dequeue()
20.    {
21.        int bestIndex=0;
22.
23.        for(int i=1;i<elements.Count;i++)
24.        {
25.            if(elements[i].Item2<elements[bestIndex].Item2)
26.            {
27.                bestIndex=i;
28.            }
29.        }
30.
31.        T bestItem=elements[bestIndex].Item1;
32.        elements.RemoveAt(bestIndex);
33.        return bestItem;
34.    }
35.
36.    public bool Contains(T item)
37.    {
38.        foreach(var element in elements)
39.        {
40.            if(EqualityComparer<T>.Default.Equals(element.Item1,item))
41.            {
42.                return true;
43.            }
44.        }
45.        return false;
46.    }
47. }
48.
49. //遗传算法路径规划创建
50. public class GeneticAlgorithmPathPlanning
51. {
52.    public List<string>obstacleTags=new List<string>(){"Cylinder"};//障碍物标签
53.
54.    //生成路径函数
55.    public List<Vector3>GeneratePath(Vector3 start,Vector3 goal,int populationSize,int generations)
56.    {
57.        List<Chromosome>population=InitializePopulation(start,goal,populationSize);
58.        List<Vector3>bestPath=null;
59.
60.        for(int generation=0;generation<generations;generation++)
```

```
61.        {
62.            EvaluatePopulation(population,goal);
63.            Chromosome bestChromosome=SelectBestChromosome(population);
64.
65.            if(bestPath==null||bestChromosome.Fitness<EvaluatePath(bestPath,goal))
66.            {
67.                bestPath=bestChromosome.Path;
68.            }
69.
70.            population=ReproducePopulation(population);
71.        }
72.
73.        return bestPath;
74.    }
75.    //初始化种群,每个种群内有多个染色体(路径)
76.    public List<Chromosome>InitializePopulation(Vector3 start,Vector3 goal,int populationSize)
77.    {
78.        List<Chromosome>population=new List<Chromosome>();
79.
80.        for(int i=0;i<populationSize;i++)
81.        {
82.            List<Vector3>randomPath=GenerateRandomPath(start,goal);
83.            population.Add(new Chromosome(randomPath));
84.        }
85.
86.        return population;
87.    }
88.    //随机生成一些路径
89.    private List<Vector3>GenerateRandomPath(Vector3 start,Vector3 goal,int maxAttempts=1000)
90.    {
91.        //使用 A* 算法生成路径
92.        AStarPathfinder pathfinder=new AStarPathfinder();
93.        List<Vector3>randomPath=pathfinder.FindPath(start,goal,maxAttempts);
94.
95.        if(randomPath==null||randomPath.Count<2)
96.        {
97.            Debug.LogError("Failed to generate a valid path.");
98.            return null;
99.        }
100.
101.        return randomPath;
```

```
102.    }
103.    //利用启发式算法生成路径
104.    private class AStarPathfinder
105.    {
106.        public List<string>obstacleTags=new List<string>(){"Cylinder"};//障碍物标签
107.
108.        public List<Vector3>FindPath(Vector3 start,Vector3 goal,int maxAttempts)
109.        {
110.            PriorityQueue<Vector3>openSet=new PriorityQueue<Vector3>();
111.            HashSet<Vector3>closedSet=new HashSet<Vector3>();
112.            Dictionary<Vector3,Vector3>cameFrom=new Dictionary<Vector3,Vector3>();
113.            Dictionary<Vector3,float>gScore=new Dictionary<Vector3,float>();
114.
115.            openSet.Enqueue(start,Heuristic(start,goal));
116.            gScore[start]=0;
117.
118.            int attempts=0;
119.
120.            while(openSet.Count>0 && attempts<maxAttempts)
121.            {
122.                Vector3 current=openSet.Dequeue();
123.
124.                if(Vector3.Distance(current,goal)<0.1f)
125.                {
126.                    return ReconstructPath(cameFrom,current);
127.                }
128.
129.                closedSet.Add(current);
130.
131.                foreach (Vector3 neighbor in GetNeighbors(current))
132.                {
133.                    if(closedSet.Contains(neighbor))
134.                        continue;
135.
136.                    float tentativeGScore=gScore[current]+Vector3.Distance(current,neighbor);
137.
138.                    if(!gScore.ContainsKey(neighbor)||tentativeGScore<gScore[neighbor])
139.                    {
140.                        gScore[neighbor]=tentativeGScore;
141.                        float fScore=tentativeGScore+Heuristic(neighbor,goal);
142.
143.                        if(!openSet.Contains(neighbor))
```

```
144.            openSet.Enqueue(neighbor,fScore);
145.
146.            cameFrom[neighbor]=current;
147.          }
148.        }
149.
150.        attempts++;
151.    }
152.
153.    return null;//Failed to find a valid path
154.  }
155.
156.  private List<Vector3>ReconstructPath(Dictionary<Vector3,Vector3>cameFrom,Vector3 current)
157.  {
158.    List<Vector3>path=new List<Vector3>();
159.    path.Add(current);
160.
161.    while(cameFrom.ContainsKey(current))
162.    {
163.      current=cameFrom[current];
164.      path.Insert(0,current);
165.    }
166.
167.    return path;
168.  }
169.
170.  private float Heuristic(Vector3 a,Vector3 b)
171.  {
172.    return Vector3.Distance(a,b);
173.  }
174.  //判断生成的路径点是否在障碍物范围内
175.  private bool IsInObstacleArea(Vector3 position)
176.  {
177.    foreach (string obstacleTag in obstacleTags)
178.    {
179.      GameObject[] obstacles=GameObject.FindGameObjectsWithTag(obstacleTag);
180.      foreach (GameObject obstacle in obstacles)
181.      {
182.        Collider obstacleCollider=obstacle.GetComponent<Collider>();
183.        if(obstacleCollider!=null)
184.        {
185.          Bounds expandedBounds=obstacleCollider.bounds;
```

```
186.            expandedBounds.Expand(2f);
187.
188.            if(expandedBounds.Contains(position))
189.            {
190.                return true;
191.            }
192.          }
193.        }
194.      }
195.      return false;
196.    }
197. //生成邻近路径点
198.    private List<Vector3>GetNeighbors(Vector3 position,float stepSize=0.5f)
199.    {
200.      List<Vector3>neighbors=new List<Vector3>();
201.
202.      for(float x=-1f;x<=1f;x+=stepSize)
203.      {
204.        for(float z=-1f;z<=1f;z+=stepSize)
205.        {
206.          if(x==0f && z==0f)
207.            continue;
208.
209.          Vector3 neighbor=new Vector3(position.x+x,position.y,position.z+z);
210.
211.          if(!IsInObstacleArea(neighbor))
212.            neighbors.Add(neighbor);
213.        }
214.      }
215.
216.      return neighbors;
217.    }
218.  }
219. //种群评价函数（从种群中选择最佳路径）
220.    public void EvaluatePopulation(List<Chromosome>population,Vector3 goal)
221.    {
222.      foreach (Chromosome chromosome in population)
223.      {
224.        chromosome.Fitness=EvaluatePath(chromosome.Path,goal);
225.      }
226.    }
227. //染色体评价函数（路径评价函数）
228.    public float EvaluatePath(List<Vector3>path,Vector3 goal)
```

```
229.    {
230.        //这里简单地将路径长度作为适应性函数
231.        float totalDistance=0f;
232.
233.        for(int i=0;i<path.Count-1;i++)
234.        {
235.          totalDistance+=Vector3.Distance(path[i],path[i+1]);
236.        }
237.
238.        totalDistance+=Vector3.Distance(path[path.Count-1],goal);
239.
240.        return totalDistance;
241.    }
242.    //选择最佳染色体(最佳路径)
243.    public Chromosome SelectBestChromosome(List<Chromosome>population)
244.    {
245.        //简单地选择适应度最好的染色体
246.        Chromosome bestChromosome=population[0];
247.
248.        foreach (Chromosome chromosome in population)
249.        {
250.          if(chromosome.Fitness<bestChromosome.Fitness)
251.          {
252.            bestChromosome=chromosome;
253.          }
254.        }
255.
256.        return bestChromosome;
257.    }
258.    //种群繁殖函数
259.    public List<Chromosome>ReproducePopulation(List<Chromosome>population)
260.    {
261.        //这里直接采用交叉和变异的方式进行繁殖
262.        List<Chromosome>newPopulation=new List<Chromosome>();
263.
264.        for(int i=0;i<population.Count;i+=2)
265.        {
266.          Chromosome parent1=population[i];
267.          Chromosome parent2=population[i+1];
268.
269.          Chromosome child1=Crossover(parent1,parent2);
270.          Chromosome child2=Crossover(parent2,parent1);
271.
```

```
272.          Mutate(child1);
273.          Mutate(child2);
274.
275.          newPopulation.Add(child1);
276.          newPopulation.Add(child2);
277.        }
278.
279.        return newPopulation;
280.    }
281.    //染色体交叉函数
282.    public Chromosome Crossover(Chromosome parent1,Chromosome parent2)
283.    {
284.        //采用单点交叉方式
285.        int crossoverPoint=UnityEngine.Random.Range(1,parent1.Path.Count-1);
286.        List<Vector3>childPath=new List<Vector3>(parent1.Path.GetRange(0,crossover-
              Point));
287.        childPath.AddRange(parent2.Path.GetRange(crossoverPoint,parent2.Path.Count-
              crossoverPoint));
288.
289.        return new Chromosome(childPath);
290.    }
291.    //染色体变异函数
292.    public void Mutate(Chromosome chromosome)
293.    {
294.        //采用随机变异一个基因的方式
295.        int mutationPoint=UnityEngine.Random.Range(1,chromosome.Path.Count-1);
296.        chromosome.Path[mutationPoint]=new Vector3(UnityEngine.Random.Range(0f,10f),
              0f,UnityEngine.Random.Range(0f,10f));
297.    }
298.    //创建染色体类,拥有路径和适应度两个属性
299.    public class Chromosome
300.    {
301.        public List<Vector3>Path;
302.        public float Fitness;
303.
304.        public Chromosome(List<Vector3>path)
305.        {
306.          Path=path;
307.          Fitness=0f;
308.        }
309.    }
310. }
```

3.5 动态窗口算法

3.5.1 动态窗口算法基本原理

在局部自主寻迹算法中,动态窗口算法(dynamic window approach,DWA)是 Dieter Fox 在 1997 年提出的一种考虑了机器人动力学性能的局部路径规划算法,其搜索空间是由短时间间隔内能达到的速度组成的动态窗口。动态窗口算法充分考虑了移动机器人自身机械结构和环境障碍物对运动速度的约束,所得路径能够充分发挥移动机器人的运动特性,得到了广泛的应用。具体步骤如下。

(1) 速度采样:根据移动机器人约束在速度空间上构造速度窗口,速度窗口在速度-角速度平面内的形式如图 3.8 所示,表示了当前时刻移动机器人可以达到的所有速度,得到速度窗口后对其采样。对移动机器人机械结构的限制包括速度约束和动力学约束,障碍物环境的约束包括障碍物约束,这些约束的存在保证了速度窗口内速度的可行性,各约束具体如下。

速度约束:移动机器人的线速度 v 和角速度 ω 都存在最大值和最小值。该约束下的速度窗口用来 V_S 表示,有

$$V_S = \left\{ (v,\omega) \middle| \begin{array}{l} v_{\min} \leqslant v \leqslant v_{\max} \\ \omega_{\min} \leqslant \omega \leqslant \omega_{\max} \end{array} \right\} \tag{3.3}$$

动力学约束:受移动机器人底盘电动机的动力学限制,线加速度 $\dot{v}$ 和角加速度 $\dot{\omega}$ 有上下限。该约束下的速度窗口用 V_D 表示,有

$$V_D = \left\{ (v,\omega) \middle| \begin{array}{l} v_{\mathrm{curr}} - \dot{v}\Delta t \leqslant v \leqslant v_{\mathrm{curr}} + \dot{v}\Delta t \\ \omega_{\mathrm{curr}} - \dot{\omega}\Delta t \leqslant \omega \leqslant \omega_{\mathrm{curr}} + \dot{\omega}\Delta t \end{array} \right\} \tag{3.4}$$

式中:v_{curr}、ω_{curr} 为当前速度、当前角速度。

障碍物约束:保证机器人在发生碰撞之前,可以通过制动操作使速度降为 0。该约束下的速度窗口用 V_A 表示,有

$$V_A = \left\{ (v,\omega) \middle| \begin{array}{l} v \leqslant \sqrt{2 \cdot \mathrm{dist}(v,\omega) \cdot \dot{v}} \\ \omega \leqslant \sqrt{2 \cdot \mathrm{dist}(v,\omega) \cdot \dot{\omega}} \end{array} \right\} \tag{3.5}$$

对以上约束条件进行综合考虑,可以得到速度窗口是 3 个约束条件的交集,用 V_W 表示:

$$V_W = V_S \cap V_D \cap V_A \tag{3.6}$$

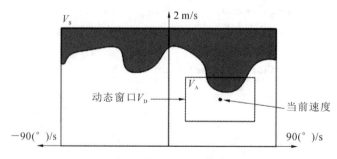

图 3.8 速度窗口示意图

(2) 轨迹预测:对每个给定的速度向量,使用运动学模型,预测移动机器人未来一段时间

的运行轨迹。设定当前时刻移动机器人受到动态约束时的线速度 v 和角速度 ω,然后模拟每组速度 (v,ω) 在一定时间内产生的轨迹,接着使用评价函数选出最优轨迹,再将最优轨迹对应的速度 (v,ω) 作为速度指令,控制机器人在每个时刻的速度。为了简化计算,将相邻时刻机器人的运动轨迹看成一段直线,则下一时刻机器人的位姿可以表示为

$$
\begin{cases}
x(k+1) = x(k) + v(k) \times t \times \cos\theta(k) \\
y(k+1) = y(k) + v(k) \times t \times \sin\theta(k) \\
\theta(k+1) = \theta(k) + \omega(k) \times t
\end{cases} \tag{3.7}
$$

式中:$x(k)$、$y(k)$ 和 $\theta(k)$ 表示机器人在当前时刻的位姿状态。

(3)轨迹评价:在推导得到预测轨迹后,用评价函数对每个轨迹进行评分,选择分数最高的速度向量作为移动机器人的当前速度。评价函数 $J(v,\omega)$ 可以表示为

$$J(v,\omega) = \alpha \times H(v,\omega) + \beta \times D(v,\omega) + \gamma \times V(v,\omega) \tag{3.8}$$

式中:α、β、γ 分别为 $H(v,\omega)$、$D(v,\omega)$ 和 $V(v,\omega)$ 的权重系数;$H(v,\omega)$ 表示速度 (v,ω) 对应的轨迹末端机器人的朝向与目标方向的角差距,主要用于选出与目标方向夹角 θ 较小的轨迹对应的速度,使得机器人尽量朝着目标方向前进;$D(v,\omega)$ 表示速度 (v,ω) 对应的轨迹与最近障碍物的距离,主要用于使机器人尽量远离障碍物;$V(v,\omega)$ 表示速度 (v,ω) 中线速度的大小,主要用于使机器人尽量高速前进。对这三项加权求和,使机器人能够尽量朝着目标方向前进,并远离障碍物,同时还有尽可能快的速度。

动态窗口算法具体流程如图 3.9 所示。

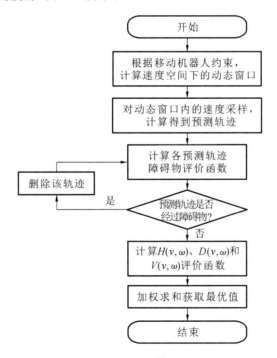

图 3.9 动态窗口算法流程图

在动态窗口算法中,轨迹评价函数很好地保证了机器人能够快速导航,但是随着机器人离目标点越来越近,机器人的朝向与目标方向的夹角有急剧增大的趋势,这会导致机器人的运动稳定性变差,甚至出现振荡。同时,动态窗口算法具有局部极小值的问题,在动态环境下的效果也比较差。

3.5.2 动态窗口算法实例

动态窗口算法实例代码如下：

```
1.   using System.Collections;
2.   using System.Collections.Generic;
3.   using System.Linq;
4.   using UnityEngine;
5.   
6.   ///
7.   ///动态窗口算法是基于预测控制理论的一种次优
8.   ///方法，其在未知环境下能够安全、有效地避开障碍物，同时具有计算量小、反应
9.   ///迅速、可操作性强等特点。
10.  ///动态窗口算法主要包括 3 个步骤:速度采样、轨迹预测(推算)、轨迹评价。
11.  ///
12.  
13.  public class DWA
14.  {
15.      //DWA 参数
16.      //线速度边界
17.      public float speedVMax=1f;//线速度最大值
18.      public float speedVMin=0f;//线速度最小值
19.      //角速度边界
20.      public float omegaWMax=100*Mathf.PI/180;//角速度最大值
21.      public float omegaWMin=-100*Mathf.PI/180;//角速度最小值
22.      //线加速度和角加速度最大值
23.      public float accelerationVMax=0.5f;
24.      public float accelerationWMax=150*Mathf.PI/180;
25.      //轨迹推算时间长度
26.      public float predict_time=10;
27.      //采样分辨率
28.      public float sampleVStep=0.1f;
29.      public float sampleWStep=1f*Mathf.PI/180;
30.      //离线时间间隔
31.      public float dt=0.1f;
32.      //轨迹评价函数系数
33.      float alpha=1f;
34.      float beta=1f;
35.      float gamma=1f;
36.      //环境信息
37.      public Vector3 goalPoint;//终点
38.      public List<Vector3>pathPoint=new List<Vector3>();//路径点记录
39.      //障碍物标签
40.      List<string>obstacleTags=new List<string>(){"Cylinder"};
41.      GameObject[] obstacles;
```

```
42.    List<Vector3>obstaclePositionList;//障碍物位置点列表
43.    float expandedBoundsValue=1f;//障碍物膨胀值
44.    //机器人相关参数
45.    public State robotState=new State();
46.    float robotRadius=1.2f;
47.    //距离评价阈值
48.    float arriveThreshold=1f;//到达判断阈值
49.
50.    //机器人状态类
51.    public class State
52.    {
53.      public Vector3 position;//机器人当前位置
54.      public float yaw;//机器人当前朝向
55.      public float velocity;//速度
56.      public float omega;//角速度
57.
58.      public State()
59.      {
60.
61.      }
62.
63.      public State(State previousState)
64.      {
65.        position=previousState.position;
66.        yaw=previousState.yaw;
67.        velocity=previousState.velocity;
68.        omega=previousState.omega;
69.      }
70.
71.    }
72.
73.    State KinematicModel(State robotState,float v,float w,float dt)
74.    {
75.      ///
76.      ///机器人运动学模型
77.      ///输入:机器人状态量 robotState,机器人控制量(v,w)与时间步 dt
78.      ///返回值:下一步状态 nextState
79.      ///
80.
81.      robotState.yaw+=w*dt;
82.      robotState.yaw=NormalizedYaw(robotState.yaw);
83.      robotState.position.x+=v*Mathf.Cos(robotState.yaw)*dt;
84.      robotState.position.z+=v*Mathf.Sin(robotState.yaw)*dt;
85.      robotState.velocity=v;
```

```
86.          robotState.omega=w;
87.          return robotState;
88.      }
89.
90.      float NormalizedYaw(float yaw)
91.      {
92.          if(yaw>Mathf.PI)
93.          {
94.              yaw-=2*Mathf.PI;
95.          }
96.          else if(yaw<- Mathf.PI)
97.          {
98.              yaw+=2*Mathf.PI;
99.          }
100.         return yaw;
101.     }
102.
103.     //初始化
104.     public DWA(Vector3 StartPoint,Vector3 StartYaw)
105.     {
106.         ///
107.         ///DWA 初始化
108.         ///确定机器人初始状态,并获取环境的基本信息(障碍物信息)
109.         ///输入:机器人初始点,初始朝向
110.         ///
111.
112.         Debug.Log("dwa initialization");
113.         robotState.position=StartPoint;
114.         robotState.yaw=StartYaw.y*Mathf.PI/180;
115.         robotState.velocity=1f;
116.         robotState.omega=0;
117.         foreach(string obstacleTag in obstacleTags)
118.         {
119.             obstacles=GameObject.FindGameObjectsWithTag(obstacleTag);
120.         }
121.         obstaclePositionList=GetObsPosition();//获取障碍物位置
122.         Debug.Log("get obstacles position successfully");
123.     }
124.
125.     List<Vector3>GetObsPosition() //获取障碍物位置
126.     {
127.         //障碍物位置列表
128.         List<Vector3>localObstaclePositionList=new List<Vector3>();
129.         //获取障碍物的模型脚本
```

```
130.    foreach (GameObject obs in obstacles)
131.    {
132.      localObstaclePositionList.Add(obs.GetComponent<Collider>().bounds.center);
133.    }
134.    return localObstaclePositionList;
135.  }
136.
137.  List<Bounds>GetObsBounds() //获取障碍物边界
138.  {
139.    //障碍物边界列表
140.    Bounds expandedObsBounds;
141.    List<Bounds>localObstacleBoundsList=new List<Bounds>();
142.    foreach (GameObject obs in obstacles)
143.    {
144.      expandedObsBounds=obs.GetComponent<Collider>().bounds;
145.      expandedObsBounds.Expand(expandedBoundsValue);
146.      localObstacleBoundsList.Add(expandedObsBounds);
147.    }
148.    return localObstacleBoundsList;
149.  }
150.
151.  List<float>GetVelLimit()
152.  {
153.    ///
154.    ///计算速度边界限制 Vm
155.    ///返回值:由初始化时给出
156.    ///   List<float>[VMin,VMax,WMin,WMax]
157.    ///
158.
159.    List<float>velLimit=new List<float>();
160.    velLimit.Add(speedVMin);
161.    velLimit.Add(speedVMax);
162.    velLimit.Add(omegaWMin);
163.    velLimit.Add(omegaWMax);
164.    return velLimit;
165.  }
166.
167.  List<float>GetAccelerationLimit(float v,float w)
168.  {
169.    ///
170.    ///计算加速度边界限制 Va
171.    ///输入:速度 v,加速度 w
172.    ///返回值:由最大线加速度和最大角加速度确定
173.    ///   List<float>[VMin,VMax,WMin,WMax]
```

```
174.        ///
175.
176.        List<float>accelLimit=new List<float>();
177.        accelLimit.Add(v-accelerationVMax);
178.        accelLimit.Add(v+accelerationVMax);
179.        accelLimit.Add(w-accelerationWMax);
180.        accelLimit.Add(w+accelerationWMax);
181.        return accelLimit;
182.    }
183.
184.    List<float>GetObstacleLimit(Vector3 robotPosition,List<Vector3>obstaclePositionList)
185.    {
186.        ///
187.        ///计算障碍物边界限制 Vo
188.        ///输入:机器人位置 robotPostion,障碍物位置 obstaclePostionList
189.        ///返回值:根据距离阈值获取速度采样范围
190.        ///List<float>[VMin,VMax,WMin,WMax]
191.        ///
192.
193.        List<float>obsLimit=new List<float>();
194.        float distance=GetMinDistance(robotPosition,obstaclePositionList);
195.        float obstacleVMax=Mathf.Sqrt(2* distance* accelerationVMax);
196.        float obstacleWMax=Mathf.Sqrt(2* distance* accelerationWMax);
197.        obsLimit.Add(speedVMin);
198.        obsLimit.Add(obstacleVMax);
199.        obsLimit.Add(omegaWMin);
200.        obsLimit.Add(obstacleWMax);
201.        return obsLimit;
202.    }
203.
204.    float GetMinDistance(Vector3 robotPosition,List<Vector3>obstaclePositionList)
205.    {
206.        List<float>distances=new List<float>();
207.        foreach (Vector3 obsPosition in obstaclePositionList)
208.        {
209.            distances.Add(Vector3.Distance(robotPosition,obsPosition));
210.        }
211.        float minDistance=distances.Min();
212.        return minDistance;
213.    }
214.
215.    float GetMinValue(float a,float b,float c)
216.    {
```

```
217.      List<float>mixedList=new List<float>(){a,b,c};
218.      return mixedList.Min();
219.  }
220.
221.  float GetMaxValue(float a,float b,float c)
222.  {
223.      List<float>mixedList=new List<float>(){a,b,c};
224.      return mixedList.Max();
225.  }
226.
227.  float CalculateHeadingValue(List<State>trajectory,Vector3 goalPoint)
228.  {
229.      ///
230.      ///航向角评价函数,判断机器人是否朝着目标点行进
231.      ///评估在当前采样速度下产生的轨迹终点位置方向
232.      ///与目标点连线的夹角的误差
233.      ///输入:机器人的轨迹信息 List<State>trajectory
234.      ///目标点 goalPoint
235.      ///返回值:航向角评价值
236.      ///
237.
238.      float headingValue;
239.      float dx,dy;
240.      float costAngle=0;
241.      dx=goalPoint.x-robotState.position.x;
242.      dy=goalPoint.z-robotState.position.z;
243.      float dAngle=Mathf.Atan2(dy,dx);
244.      costAngle=dAngle-trajectory[trajectory.Count- 1].yaw;
245.      headingValue=Mathf.PI-Mathf.Abs(costAngle);
246.      return headingValue;
247.  }
248.
249.  float CalculateDistanceValue(List<State>trajectory,List<Vector3>obstaclePositionList)
250.  {
251.      ///
252.      ///距离评价函数,
253.      ///表示当前速度下对应模拟轨迹与障碍物之间的最近距离,
254.      ///如果没有障碍物或者最近距离大于设定的阈值,
255.      ///那么就将值设为一个较大的常数值。
256.      ///输入:机器人位置 robotPostion,障碍物位置 obstaclePostionList
257.      ///返回值:距离评价值
258.      ///
259.
```

```
260.      float distanceValue;
261.      float minDistance=100;
262.      foreach (State robotState in trajectory)
263.      {
264.        foreach (Vector3 obsPosition in obstaclePositionList)
265.        {
266.          float dist=Vector3.Distance(robotState.position,obsPosition);
267.          if(dist<minDistance)
268.          {
269.            minDistance=dist;
270.          }
271.        }
272.      }
273.      if(minDistance<robotRadius)
274.      {
275.        distanceValue=robotRadius-(robotRadius-minDistance)*(robotRadius-minDistance);
276.      }
277.      else
278.      {
279.        distanceValue=robotRadius;
280.      }
281.      return distanceValue;
282.    }
283.
284.    float CalculateVelValue(List<State>trajectory)
285.    {
286.      ///
287.      ///速度评价函数,表示当前的速度大小,可以用模拟轨迹末端位置
288.      ///的线速度的大小来表示
289.      ///输入:机器人的轨迹信息 List<State>trajectory
290.      ///返回值:速度评价值
291.      ///
292.
293.      float velValue;
294.      int trajectoryNum=trajectory.Count-1;
295.      velValue=trajectory[trajectoryNum].velocity;
296.      return velValue;
297.    }
298.
299.    //速度采样
300.    public List<float>SampleVelWindow(State robotState,List<Vector3>obstaclePositionList)
301.    {
```

```
302.    ///
303.    ///进行速度采样,得到速度空间
304.    ///输入:机器人状态 state,障碍物的位置
305.    ///返回值:根据速度边界、加速度边界与障碍物边界信息获得的综合速度采样范围
306.    ///List<float>[VMin,VMax,WMin,WMax]
307.
308.    List<float>Vm=GetVelLimit();
309.    List<float>Va=GetAccelerationLimit(robotState.velocity,robotState.omega);
310.    List<float>Vo=GetObstacleLimit(robotState.position,obstaclePositionList);
311.    float VMin=GetMaxValue(Vm[0],Va[0],Vo[0]);
312.    float VMax=GetMinValue(Vm[1],Va[1],Vo[1]);
313.    float WMin=GetMaxValue(Vm[2],Va[2],Vo[2]);
314.    float WMax=GetMinValue(Vm[3],Va[3],Vo[3]);
315.
316.    List<float>velWindow=new List<float>(){VMin,VMax,WMin,WMax};
317.    return velWindow;
318. }
319.
320. //轨迹预测
321. public List<State>TrajactoryPredict(State robotState,float sampleV,float sampleW)
322. {
323.    ///
324.    ///轨迹推算,根据采样的动作推算出在预测时间段内的轨迹
325.    ///输入:机器人状态,包括机器人的位置、速度、角速度和朝向;
326.    ///采样得到的速度和角速度
327.    ///返回值:机器人未来的预测轨迹
328.    ///List<State>
329.    ///
330.
331.    List<State>trajectory=new List<State>();//存储状态列表
332.    trajectory.Add(new State(robotState));
333.    int time=0;
334.    while(time<=predict_time) //在预测时间范围内的轨迹
335.    {
336.       robotState=KinematicModel(robotState,sampleV,sampleW,dt);
337.       trajectory.Add(new State(robotState));
338.       time+=1;
339.    }
340.    return trajectory;
341. }
342.
343. //轨迹评估
344. public (float,float) TrajectoryEvaluation(State robotState,Vector3 goalPoint,
```

```csharp
                    List<Vector3>obstaclePositionList)
345.    {
346.        ///
347.        ///轨迹评价函数,评价值越高,轨迹越优
348.        ///输入:机器人状态,速度采样空间,目标位置与障碍物位置列表
349.        ///返回值:最优轨迹与最优控制量 v,w
350.        ///
351.
352.        List<State>trajectoryOpt=new List<State>();//最优轨迹
353.        float controlV=0;
354.        float controlW=0;
355.        float headingValue,distanceValue,velValue;
356.        float valueMax=-10000;
357.        List<float>velWindow=SampleVelWindow(robotState,obstaclePositionList);
358.
359.        int numV=(int)((velWindow[1]-velWindow[0])/sampleVStep)+1;
360.        int numW=(int)((velWindow[3]-velWindow[2])/sampleWStep)+1;
361.        Debug.Log("numV:"+numV);
362.
363.        for(int i=0;i<numV;i++)
364.        {
365.            for(int j=0;j<numW;j++)
366.            {
367.                float v=velWindow[0]+i*sampleVStep;
368.                float w=velWindow[2]+j*sampleWStep;
369.                List<State>trajectory=TrajactoryPredict(robotState,v,w);
370.
371.                headingValue=alpha* CalculateHeadingValue(trajectory,goalPoint);
372.                distanceValue = beta * CalculateDistanceValue (trajectory, obstaclePosition-
                    List);
373.                velValue=gamma*CalculateVelValue(trajectory);
374.
375.                float value=headingValue+ distanceValue+ velValue;
376.
377.                if(value>valueMax)
378.                {
379.                    valueMax=value;
380.                    trajectoryOpt=trajectory;
381.                    controlV=v;
382.                    controlW=w;
383.                }
384.            }
385.        }
386.
```

```
387.        return (controlV,controlW);
388.    }
389.
390.    public bool DWAPathPlanning()
391.    {
392.        ///
393.        ///DWA 路径规划主函数,在 a.cs 主程序中进行迭代循环
394.        ///返回值:bool 判断是否到达目标
395.        ///
396.
397.        float controlV,controlW;
398.        (controlV,controlW)=TrajectoryEvaluation(new State(robotState),goalPoint,obstaclePositionList);
399.        robotState=KinematicModel(robotState,controlV,controlW,dt);
400.        pathPoint.Add(robotState.position);
401.        return IsArrived(robotState.position,goalPoint);
402.    }
403.
404.    public bool IsArrived(Vector3 point1,Vector3 point2)
405.    {
406.        float dis=Vector3.Distance(point1,point2);
407.        if(dis<arriveThreshold)
408.        {
409.           return true;
410.        }
411.        return false;
412.    }
413. }
```

3.6 人工势场算法

3.6.1 人工势场算法基本原理

人工势场(artificial potential field,APF)算法由 Khatib 在 1994 年提出。这是一种用于路径规划和局部避障的启发式路径规划方法。该算法受到物理学中势场的启发,通过在机器人周围建立一个虚拟的势场,引导机器人朝着目标移动并避开障碍物。其核心思想是将机器人视为在势场中运动的粒子,受到势场力的作用,可以理解为将机器人视为一个带电荷的粒子,障碍物是带相同电荷的粒子,而目标点则是一个带相反电荷的粒子。算法中,一般会设置全局的引力场以及在一定范围内作用的斥力场。这样,机器人会受到与障碍物和目标点之间距离成正比的相应大小的斥力和引力的作用。这两种力场可以通过数学函数建模,然后相加,形成机器人所受到的总势场力。机器人在势场中沿着梯度下降的方向移动,即沿着势能减小的方向移动。梯度表示了机器人在当前位置受到的总势场力,其既揭示了机器人的移动方向,

又包含了机器人在该点所受到的势场力的大小。机器人将计算得到的力转换为速度或位移指令，更新自己的位置。这通常涉及控制系统的设计，以确保移动平滑，也可以仅采用移动方向，而固定步长的做法，借此达到良好的避障效果和路径规划的目的。人工势场算法的具体步骤如下。

（1）创建一个与目标位置相关的引力场，使得机器人受到目标的引力。引力场可设计为

$$U_a = \frac{1}{2} k_a d_{goal}^2 \tag{3.9}$$

式中：k_a 表示引力场的引力系数；d_{goal} 表示机器人到目标点的直线距离。

（2）创建一个与障碍物位置相关的斥力场，使得机器人受到障碍物的排斥。斥力场一般设计为

$$U_r = \begin{cases} \frac{1}{2} k_r \left(\frac{1}{d_{obs}} - \frac{1}{d_0} \right)^2 & d_{obs} < d_0 \\ 0 & d_{obs} > d_0 \end{cases} \tag{3.10}$$

式中：k_r 表示斥力系数；d_{obs} 表示机器人到障碍物的直线距离；d_0 表示斥力场的最大范围，当机器人到障碍物的直线距离超过 d_0 时，认为机器人不受障碍物斥力影响。

（3）结合单个目标点的引力场和多个障碍物的斥力场计算出整体的人工势场 $U = U_a + \sum U_r$，并对其求导得到势场力的方向，如图 3.10 所示。

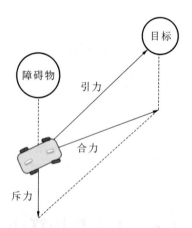

图 3.10 人工势场合力示意图

（4）根据上述步骤得到的合力更新机器人的位置。
（5）重复第(3)步和第(4)步，直到机器人到达目标点或者目标区域。
（6）根据上述步骤输出整体路径。

人工势场算法流程图如图 3.11 所示。

人工势场算法的优点在于模型结构简单，能够实时避障，计算效率高以及对环境变化适应性较好等，如图 3.12 所示。但该算法仍存在一些问题，比如容易陷入局部极小值，目标不可达，可能出现振荡等。因此，在某些复杂场景下，可能需要结合其他路径规划方法或者进行一些改进。

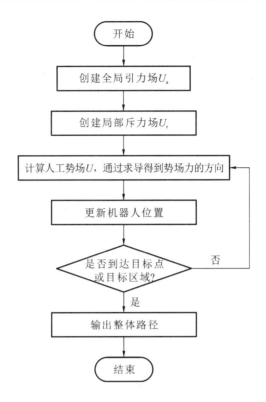

图 3.11 人工势场算法流程图

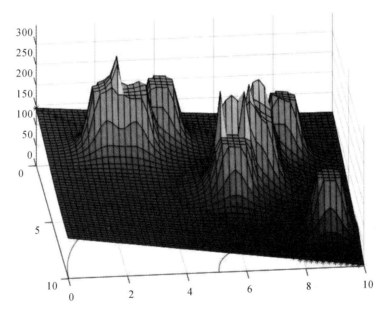

图 3.12 人工势场算法势场

3.6.2 人工势场算法实例

人工势场算法实例代码如下:

```
1.    using System.Collections;
```

```csharp
2.  using System.Collections.Generic;
3.  using UnityEngine;
4.  ///人工势场算法是一种经典的机器人路径规划算法
5.  ///该算法将目标和障碍物分别看作对机器人有引力和斥力的物体
6.  ///机器人沿引力与斥力的合力方向运动
7.  ///APF算法主要包括2个步骤:斥力与引力势场计算、势场梯度下降
8.  public class APF
9.  {
10.     //APF参数
11.     public Vector3 robotPosition;//机器人位置
12.     public List<Vector3>pathPoint=new List<Vector3>();//路径点
13.     public Vector3 goalPoint;//终点
14.     //障碍物信息
15.     public List<string>obstacleTags=new List<string>(){"Cylinder"};//障碍物标签
16.     GameObject[] obstacles;
17.     List<Vector3>obstaclePositionList;//障碍物位置列表
18.     List<Bounds>obstacleBoundsList;//障碍物边界列表
19.     //迭代参数
20.     public float expandDistance=0.1f;//每步步长
21.     public float epsilon=0.1f;//碰撞阈值
22.     public int iterations=1000;//迭代次数
23.
24.     //内部变量
25.     float k=5;//势能常数
26.     float gradientBias=0.1f;//求导步长
27.     float arriveThreshold=0.05f;//到达判断阈值
28.     float expandedBoundsValue=1;//障碍物膨胀值
29.     float repulsiveCoefficient=0.1f;
30.     float attractiveCoefficient=50;
31.
32.     public APF(Vector3 StartPoint)
33.     {
34.        ///
35.        ///初始化函数,获取环境的基本信息(障碍物信息)
36.        ///输入:机器人初始点
37.        ///
38.
39.        Debug.Log("apf initialization");
40.        foreach(string obstacleTag in obstacleTags)
41.        {
42.          obstacles=GameObject.FindGameObjectsWithTag(obstacleTag);
43.          robotPosition=StartPoint;
44.        }
45.        obstaclePositionList=GetObsPosition();//获取障碍物位置
```

```
46.      obstacleBoundsList=GetObsBounds();//获取障碍物边界
47.      Debug.Log("get obstacles position successfully");
48.    }
49.
50.    public List<Vector3>GetObsPosition() //获取障碍物位置
51.    {
52.      List<Vector3>localObstaclePositionList=new List<Vector3>();//障碍物位置列表
53.      //获取障碍物的模型脚本
54.      foreach (GameObject obs in obstacles)
55.      {
56.        localObstaclePositionList.Add(obs.GetComponent<Collider>().bounds.center);
57.      }
58.      return localObstaclePositionList;
59.    }
60.
61.    public List<Bounds>GetObsBounds() //获取障碍物边界
62.    {
63.      BoundsexpandedObsBounds;
64.      List<Bounds>localObstacleBoundsList=new List<Bounds>();//障碍物边界列表
65.      foreach (GameObject obs in obstacles)
66.      {
67.        expandedObsBounds=obs.GetComponent<Collider>().bounds;
68.        expandedObsBounds.Expand(expandedBoundsValue);
69.        localObstacleBoundsList.Add(expandedObsBounds);
70.      }
71.      return localObstacleBoundsList;
72.    }
73.
74.    private List<float>CalculateRepulsivePotentialField(Vector3 robotPosition,Vector3 obsPosition,Bounds obsBounds)
75.    {
76.      ///
77.      ///斥力场计算函数:根据机器人与障碍物的距离计算斥力场
78.      ///当机器人处于障碍物膨胀范围之内时,施加较大的斥力
79.      ///当机器人处于障碍物膨胀范围之外时,斥力正比于[1/(d^2)],d是机器人与障碍物的距离
80.      ///输入:机器人位置,障碍物中心点坐标,障碍物膨胀边界
81.      ///返回值:x 和 y 两个方向上的斥力大小
82.      ///
83.
84.      float potential;
85.      float distance=Vector3.Distance(robotPosition,obsPosition);
86.      float angle;
87.      List<float>potentialValue=new List<float>(2);
88.      angle=Mathf.Atan2(obsPosition.z-robotPosition.z,obsPosition.x-robotPosition.
```

```csharp
                    x);
89.         if(obsBounds.Contains(robotPosition))
90.         {
91.            potential=5;
92.         }
93.         else
94.         {
95.            potential=repulsiveCoefficient/Mathf.Pow(distance,2);
96.         }
97.
98.         potentialValue.Add(potential*Mathf.Cos(angle));
99.         potentialValue.Add(potential*Mathf.Sin(angle));
100.        return potentialValue;
101.    }
102.
103.    private List<float>CalculateAttractivePotentialField(Vector3 robotPosition,Vector3 goalPosition)
104.    {
105.        ///
106.        ///引力场计算函数:根据机器人与目标点的距离计算引力场
107.        ///引力=k*exp(-(d/r)^2),由高斯函数计算得到
108.        ///输入:机器人位置与目标点位置
109.        ///返回值:x 和 y 两个方向上的引力大小
110.        ///
111.
112.        float potential;
113.        float distance=Vector3.Distance(robotPosition,goalPosition);
114.        float angle;
115.        List<float>potentialValue=new List<float>(2);
116.
117.        angle=Mathf.Atan2(goalPosition.z-robotPosition.z,goalPosition.x-robotPosition.x);
118.        potential=-k*Mathf.Exp(-Mathf.Pow(distance/attractiveCoefficient,2));
119.        potentialValue.Add(potential*Mathf.Cos(angle));
120.        potentialValue.Add(potential*Mathf.Sin(angle));
121.        return potentialValue;
122.    }
123.
124.
125.    public List<float>CalculateCombinedPotentialField(Vector3 robotPosition,List<Vector3>obsPositionList,List<Bounds>obsBoundsList,Vector3 goalPoint)
126.    {
127.        ///
128.        ///合势场计算函数,通过遍历障碍物列表与目标点,计算得到在 x 和 y 方向上的合势场大小
```

```
129.    ///输入:机器人位置,障碍物位置列表,障碍物边界列表,目标点位置
130.    ///返回值:x 和 y 方向上的合势场大小
131.    ///
132.
133.    List<float>totalPotentialValue=new List<float>(2);
134.    float potentialValueX=0;
135.    float potentialValueY=0;
136.    for(int i=0;i<16;i++)
137.    {
138.      List<float>potentialValue=CalculateRepulsivePotentialField(robotPosition,
          obsPositionList[i],obsBoundsList[i]);
139.      potentialValueX+=potentialValue[0];
140.      potentialValueY+=potentialValue[1];
141.    }
142.    List<float>targetPotentialValue=CalculateAttractivePotentialField(robotPosi-
        tion,goalPoint);
143.    potentialValueX+=targetPotentialValue[0];
144.    potentialValueY+=targetPotentialValue[1];
145.    totalPotentialValue.Add(potentialValueX);
146.    totalPotentialValue.Add(potentialValueY);
147.    return totalPotentialValue;
148.  }
149.
150.  public List<float>CalculateGradient(Vector3 robotPosition,List<Vector3>obsPosi-
      tionList,List<Bounds>obsBoundsList,Vector3 goalPoint)
151.  {
152.    ///
153.    ///势场梯度计算函数
154.    ///通过对 x 和 y 方向上的势场强度进行梯度的近似计算,得到势场梯度大小
155.    ///输入:机器人位置,障碍物位置列表,障碍物边界列表,目标点位置
156.    ///返回值:x 和 y 方向上的梯度
157.    ///
158.
159.    List < float > totalPotentialValue = CalculateCombinedPotentialField (robotPosi-
        tion,obsPositionList,obsBoundsList,goalPoint);
160.    Vector3 biasX=new Vector3(gradientBias,0,0);
161.    Vector3 robotPositionBiasX=robotPosition+ biasX;
162.    Vector3 biasY=new Vector3(0,0,gradientBias);
163.    Vector3 robotPositionBiasY=robotPosition+ biasY;
164.    List < float > totalPotentialValueBiasX = CalculateCombinedPotentialField (robot-
        PositionBiasX,obsPositionList,obsBoundsList,goalPoint);
165.    List < float > totalPotentialValueBiasY = CalculateCombinedPotentialField (robot-
        PositionBiasY,obsPositionList,obsBoundsList,goalPoint);
166.    float gradX = (totalPotentialValueBiasX[0] - totalPotentialValue[0])/gradient-
```

```
167.        float gradY=(totalPotentialValueBiasY[1]-totalPotentialValue[1])/gradientBias;
168.        List<float>grad=new List<float>(2);
169.        grad.Add(gradX);
170.        grad.Add(gradY);
171.
172.        return grad;
173.      }
174.
175.      public List<float>CalculateForceVector(float x,float y) //通过梯度计算合力
176.      {
177.        ///
178.        ///梯度方向计算函数
179.        ///利用 x 和 y 方向上的梯度计算梯度下降的方向
180.        ///输入:x 和 y 方向的分梯度
181.        ///返回值:梯度大小与方向
182.        ///
183.
184.        List<float>distanceAngle=new List<float>(2);
185.        float distance=Mathf.Sqrt(Mathf.Pow(x,2)+Mathf.Pow(y,2));
186.        float angle=Mathf.Atan2(y,x);
187.        distanceAngle.Add(distance);
188.        distanceAngle.Add(angle);
189.        return distanceAngle;
190.      }
191.
192.      public bool APFPathPlanning()
193.      {
194.        ///
195.        ///APF 主函数:迭代更新 APF,并判断是否到达目标
196.        ///流程:计算合势场-->计算梯度-->计算梯度方向-->得到机器人下一位置
197.        ///返回值:bool 值,表示是否到达目标
198.        ///
199.
200.        bool arrived=false;
201.        pathPoint.Add(robotPosition);
202.        List<float>grad=CalculateGradient(robotPosition,obstaclePositionList,obsta-
                cleBoundsList,goalPoint);
203.        List<float>distanceAngle=CalculateForceVector(grad[0],grad[1]);
204.        robotPosition.x+=expandDistance* Mathf.Sin(distanceAngle[1]);
205.        robotPosition.z+=expandDistance* Mathf.Cos(distanceAngle[1]);
206.        if(IsArrived(robotPosition,goalPoint))
207.        {
208.          arrived=true;
```

```
209.        }
210.        return arrived;
211.    }
212.
213.    public bool IsArrived(Vector3 point1,Vector3 point2)
214.    {
215.        float dis=Vector3.Distance(point1,point2);
216.        if(dis<arriveThreshold)
217.        {
218.           return true;
219.        }
220.        return false;
221.    }
222.}
```

第 4 章 移动机器人控制算法工程实践

运动控制系统与研究对象紧密结合,通过速度控制、位置控制、转矩控制,来控制对象的移动。硬件平台通常由控制器、驱动器和电动机组成。移动机器人轨迹跟踪通常采用两层控制,即基于运动学模型的位置控制和基于动力学模型的速度控制,如图 4.1 所示。控制器是移动机器人运动控制系统中的一个重要部分,它直接影响机器人的运动性能和控制精度。在设计控制器时,需要选择合适的控制算法和控制器结构,并根据机器人的运动特性和环境条件进行参数调整与优化。在实际应用中,常用的控制算法包括 PID 控制算法、滑模控制算法、模糊控制算法、模型预测控制算法、迭代学习控制算法等。稳健的控制器设计,有助于满足系统运动的精度以及系统的鲁棒性需求。

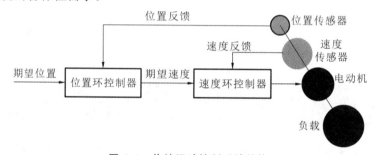

图 4.1 传统运动控制系统结构

4.1 PID 控制算法

4.1.1 基本原理

比例积分微分控制又称 PID 控制,是最早发展起来的控制算法之一,具有算法简单、可靠性高、鲁棒性强的特点,在控制领域得到了广泛的应用。目前,大多数控制器都采用 PID 控制器。简单来说,PID 控制指由给定值和实际输出值构成控制偏差,将偏差按比例、积分和微分通过线性组合构成控制量,对被控对象进行控制。常规 PID 控制器是一种线性控制器。

PID 控制是基于控制系统输出和输入的偏差进行调节的一种控制方式,PID 控制器由比例单元(P)、积分单元(I)和微分单元(D)组成。一个完整的反馈控制系统需要包含三个部分,分别是测量、比较和执行单元,将测量系统的输入变量与期望的输出值相比较,用比较得出的误差来纠正调节控制系统,这就是 PID 控制的基本原理,如图 4.2 所示。在 PID 控制系统中,PID 控制器的输出值 $u(t)$ 取决于系统给定值 $r(t)$ 和系统输出值 $y(t)$ 的偏差 $e(t)$、偏差积分和偏差微分的线性加权组合。一个连续的控制系统数学模型的一般形式可描述为

$$u(t) = K_{\mathrm{p}}\left[e(t) + \frac{1}{T_{\mathrm{I}}}\int_0^t e(t) + T_{\mathrm{D}}\frac{\mathrm{d}e(t)}{\mathrm{d}t}\right] = K_{\mathrm{p}}e(t) + K_{\mathrm{I}}\int_0^t e(t) + K_{\mathrm{D}}\frac{\mathrm{d}e(t)}{\mathrm{d}t} \quad (4.1)$$

式中:K_p 是比例系数;K_I 是积分系数;K_D 是微分系数;$T_I = \dfrac{K_p}{K_I}$,为积分时间常数;$T_D = \dfrac{K_D}{K_p}$,为微分时间常数。

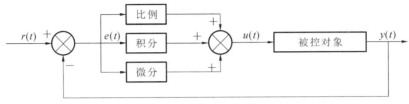

图 4.2 PID 控制原理图

比例环节的作用是成比例地反映控制系统的偏差信号 $e(t)$,偏差一旦产生,控制器就立即产生控制作用,以减小偏差。控制作用的大小取决于比例系数 K_p,K_p 大则控制作用强,但是过大的 K_p 会导致系统振荡,从而破坏系统的稳定性。

积分环节的作用是把偏差的累积作为输出,以消除静差,提高控制系统的无差度。在控制过程中,只要存在偏差,积分环节的输出就会不断增大。当偏差为零时,输出才能稳定在某一常量,从而使系统在给定值不变的条件下趋于稳定。积分作用的强弱取决于积分时间常数 T_I,T_I 越大,积分作用越弱,反之则越强。

微分环节的作用是阻止偏差的变化。它根据偏差的变化趋势进行控制。偏差变化得越快,微分环节的输出也就越大,并能在偏差值变化之前进行修正。微分环节的引入,将有助于减小超调量,克服振荡,从而使系统趋于稳定。微分环节对高阶系统的作用非常明显,它对输入信号中的噪声非常敏感。对于那些噪声比较大的系统,一般不能用微分环节,或在微分环节起作用之前,对输入信号进行滤波处理。

4.1.2 算法实例

PID 控制算法流程图如图 4.3 所示。

$e(t)$ 可以根据实际的控制目标选择,例如线速度误差、角速度误差、轨迹跟踪误差等。本小节以轨迹跟踪误差为例。

在介绍 PID 轨迹跟踪控制算法前先将本章控制算法代码中需要的状态量和机器人模型进行定义。

状态量定义代码如下:

```
1.   Class State
2.   {
3.      //状态量
4.      private double x;
5.      private double y;
6.      private double oritation;
7.      //采样时间
8.      private double samplingTime;
9.      public State (double initX, double initY, double initOritation)
```

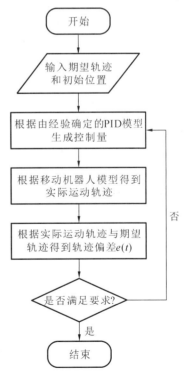

图 4.3 PID 控制算法流程图

```
10.    {
11.        x=initX;
12.        y=initY;
13.        oritation=initOritation;
14.        samplingTime=0.1;
15.    }
16.    public double X
17.    {
18.        get{return x;}
19.        set{x=value;}
20.    }
21.    public double Y
22.    { get{return y;}
23.        set{y=value;}
24.    }
25.    public double Oritation
26.    {
27.        get{return oritation;}
28.        set{oritation=value;}
29.    }
30.    public double SamplingTime
31.    {
32.        get{return samplingTime;}
33.        set{samplingTime=value;}
34.    }
35.    public void upDateState(double linearVelocity,double angularVelocity)
36.    {
37.        x=x+linearVelocity*Math.Cos(oritation)*samplingTime;
38.        y=y+linearVelocity*Math.Sin(oritation)*samplingTime;
39.        oritation=oritation+angularVelocity*samplingTime;
40.    }
41. }
```

机器人模型定义代码如下：

```
1.  class Robot
2.  {
3.     private State robotState;
4.     private double linearVelocity;
5.     private double angularVelocity;
6.     private double Length;    //轴距
7.     private double delta;     //前轮转角
8.     public Robot(double x,double y,double oritation)
9.     {
10.        robotState=new State(x,y,oritation);
11.        linearVelocity=0;
```

```
12.        angularVelocity=0;
13.        delta=0;
14.        Length=1;
15.    }
16.    public double AngularVelocity
17.    {
18.        get{return angularVelocity;}
19.        set{angularVelocity=value;}
20.    }
21.    public double LinearVelocity
22.    {
23.        get{return linearVelocity;}
24.        set{linearVelocity=value;}
25.    }
26.    public State RobotState
27.    {
28.        get{return robotState;}
29.        set{robotState=value;}
30.    }
31.    public double Length
32.    {
33.        get{return Length;}
34.        set{Length=value;}
35.    }
36.    public double Delta
37.    {
38.        get{return delta;}
39.        set{delta=value;}
40.    }
41.    public double calculateW(double delta,double linearVelocity,double Length)
42.    {
43.        angularVelocity=Math.Tan(delta)* linearVelocity/Length;
44.        return angularVelocity;
45.    }
46.    public void updateState(double linearVelocity,double angularVelocity)
47.    {
48.        robotState.upDateState(linearVelocity,angularVelocity);
49.    }
50. }
```

PID 轨迹跟踪控制算法代码如下：

```
1. class PIDController
2. {
3.     private double Kp;              //比例增益
4.     private double Ki;              //积分增益
```

```csharp
5.      private double Kd;                    //微分增益
6.      private double previousError;         //上一时刻的误差
7.      private double integralError;         //累积误差
8.      //参数初始化
9.      public PIDController(double kp,double ki,double kd)
10.     {
11.         Kp=kp;
12.         Ki=ki;
13.         Kd=kd;
14.         previousError=0;
15.         integralError=0;
16.     }
17.     //计算输出
18.     public double CalculateOutput(double goalPoint,double currentPoint)
19.     {
20.         double error=goalPoint-currentPoint;              //计算当前时刻的误差
21.         double proportionalTerm=Kp*error;                 //比例项
22.         integralError+=error;
23.         double integralTerm=Ki*integralError;             //积分项
24.         double derivativeTerm=Kd*(error-previousError);   //微分项
25.         //计算控制器输出
26.         double output=proportionalTerm+integralTerm+derivativeTerm;
27.         //记录当前误差
28.         previousError=error;
29.         return output;
30.     }
31. }
32. //主程序
33. class Program
34. {
35.     static void Main()
36.     {
37.         //设置PID控制器的参数
38.         double Kp=0.5;
39.         double Ki=0.01;
40.         double Kd=0.1;
41.         //设置目标速度
42.         double targetLinearVelocity=0.1;
43.         //控制输入
44.         double linearVelocity;
45.         double angularVelocity;
46.         //设置终止条件
47.         double distanceThreshold=0.1;
48.         //创建控制器
```

```
49.    PIDController pidController=new PIDController(Kp,Ki,Kd);
40.    //创建机器人对象
51.    Robot robot=new Robot(0,0,0);
52.    //获取机器人的当前状态和参考状态
53.    State currentState=robot.RobotState;
54.    State referenceState=getRefState(currentState,globalPath);
55.    State targetState=getTargetState(globalPath);
56.    //PID轨迹跟踪
57.    while(calculateDistance(currentState,targetState)>distanceThreshold)
58.    {
59.      //计算控制输入
60.      linearVelocity=pidController.CalculateOutput(robot.LinearVelocity,target-
         LinearVelocity);
61.      angularVelocity=pidController.CalculateOutput(currentState.Oritation,ref-
         erenceState.Oritation);
62.      //控制机器人移动
63.      robot.updateState(linearVelocity,angularVelocity);
64.      //更新机器人状态信息
66.      currentState=robot.RobotState;
66.    }
67.   }
68.  }
```

4.2 滑模控制算法

4.2.1 基本原理

滑模控制(sliding mode control,SMC)也叫变结构控制,本质上是一类特殊的非线性控制,且非线性表现为控制不连续。这种控制策略与其他控制策略的不同之处在于系统的结构并不固定,而是可以在动态过程中,根据系统当前的状态(如偏差及其各阶导数等)有目的地不断变化,迫使系统按照预定"滑动模态"的状态轨迹运动。由于滑动模态可以进行设计且与对象参数及扰动无关,因此滑模控制具有响应快速、对参数变化及扰动不灵敏、不需要系统在线辨识、物理实现简单等优点。

首先对于一个给定的系统,假设它可以用如下形式表示:

$$\dot{x} = f(x), x \in \mathbf{R}^n \tag{4.2}$$

则在系统的状态空间存在一个超曲面,它的表达式如下:

$$s(x) = s(x_1, x_2, \cdots, x_n) = 0 \tag{4.3}$$

我们称 $s(x)=0$ 为不连续面、滑模面、切换面。它将状态空间分为两部分,$s>0$ 和 $s<0$,如图 4.4 所示。

在切换面上的运动点有三种情况:

(1) 常点——状态点处在切换面附近时,从切换面上的一个点穿越切换面而过,切换面上这样的点就称作常点,如图 4.4 中点 A 所示。

(2) 起点——状态点处在切换面上某点附近时,从切换面的一边离开切换面上的这个点,切换面上这样的点就称作起点,如图 4.4 中点 B 所示。

(3) 止点——状态点处在切换面上某点附近时,从切换面的一边趋向该点,切换面上这样的点就称作止点,如图 4.4 中点 C 所示。

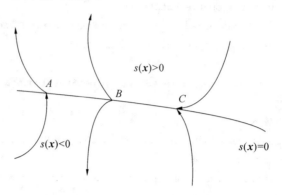

图 4.4 滑模面

若切换面上某一区域内所有点都是止点,则状态点一旦趋近该区域,就会被"吸引"到该区域内运动。此时,称切换面上所有的点都是止点的区域为滑动模态区域。系统在滑动模态区域中的运动就称为滑动模态运动。按照滑动模态区域上的点都必须是止点这一要求,当状态点到达切换面附近时,必有:

$$\begin{cases} \lim_{s \to 0^+} \dot{s} \leqslant 0 \\ \lim_{s \to 0^-} \dot{s} \geqslant 0 \end{cases} \tag{4.4}$$

式(4.4)称为局部到达条件,对局部到达条件进行扩展可得全局到达条件:

$$\lim_{s \to 0} s\dot{s} < 0 \tag{4.5}$$

相应地,我们考虑如下的李雅普诺夫函数:

$$V(x_1, x_2, \cdots, x_n) = [s(x_1, x_2, \cdots, x_n)]^2 \tag{4.6}$$

在切换面附近,式(4.6)是正定的,又由式(4.5)可知 $\dot{V} = s\dot{s}$ 是负半定的,故李雅普诺夫稳定性定理得到满足。则式(4.6)可以作为系统的一个李雅普诺夫函数,系统能够趋近切换面 $s=0$。

滑模控制中,需要让系统抵达设计的滑模面,这样才能进行滑模控制,而滑模控制则使得系统不断在滑模面附近穿梭,可以用图 4.5 形象表示。

通过上述分析,我们可以确定滑模变结构控制的一般步骤。设有一控制系统,其状态方程为:

$$\dot{x} = f(x, u, t) \quad x \in \mathbf{R}^n, u \in \mathbf{R}^m, t \in \mathbf{R} \tag{4.7}$$

首先需要确定切换函数(即确定滑模面):

$$s(x) \quad s \in \mathbf{R}^m \tag{4.8}$$

根据式(4.6)给出的李雅普诺夫函数求解控制器:

$$u = \begin{cases} u^+(x) & s(x) > 0 \\ u^-(x) & s(x) < 0 \end{cases} \tag{4.9}$$

其中 $u^+(x) \neq u^-(x)$,并满足下述条件:

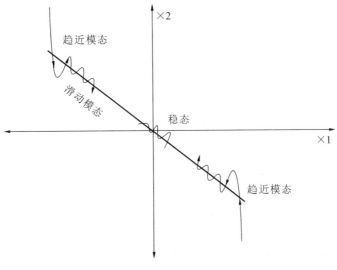

图 4.5 滑模运动

(1) 滑动模态存在,即满足式(4.9);
(2) 满足可达性条件,处于滑模面以外的点都能够在有限时间内到达滑模面;
(3) 可保证滑模运动的稳定性,达到控制系统性能的要求。

以上三点是滑模控制中的基本要求,只有满足上述三个条件的控制才可以称为滑模控制。

4.2.2 算法案例

滑模控制算法流程图如图 4.6 所示。

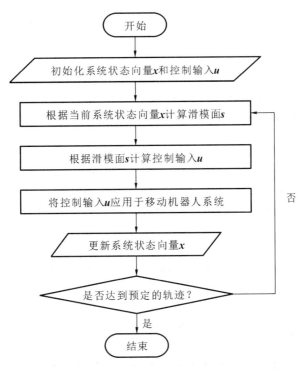

图 4.6 滑模控制算法流程图

滑模控制算法实例代码如下：

```
1.   namespace SMCExample;
2.   using System;
3.   class SMCController
4.   {
5.       //滑模面增益
6.       private double SMCGain1;
7.       private double SMCGain2;
8.       //控制参数
9.       private double slidingSurface1;
10.      private double delta1;
11.      private double slidingSurface2;
12.      private double delta2;
13.      private double linearVelovityInput;
14.      private double angularVelocityInput;
15.      //目标轨迹
16.      double desiredPosition;
17.      //初始化控制器参数
18.      public SMCController(double initialSMCGain1,double initialSMCGain2)
19.      {
20.          SMCGain1=initialSMCGain1;
21.          SMCGain2=initialSMCGain2;
22.          slidingSurface1=0;
23.          slidingSurface2=0;
24.          delta1=0.05;
25.          delta2=0.05;
26.      }
27.      //计算线速度
28.      public double calculateLinearVelocityOutput(double xError,double yError,double thetaError,double w,double Vr)
29.      {
30.          slidingSurface1=xError;
31.          linearVelovityInput=yError*w+Vr*Math.Cos(thetaError)+SMCGain1*sgn(slidingSur-
             face1,delta1);
32.          return linearVelovityInput;
33.      }
34.      //计算角速度
35.      public double calculateAngularVelocityOutput(double xError,double yError,double thetaError,double Vr,double Wr,double VrDot)
36.      {
37.          slidingSurface2=thetaError+Math.Atan(Vr*yError);
38.          double deriAlphaToVr=yError/(1+(Vr*yError)*(Vr*yError));
39.          double deriAlphaToYe=Vr/(1+(Vr*yError)*(Vr*yError));
40.          angularVelocityInput=(Wr+deriAlphaToVr*VrDot+deriAlphaToYe*(Vr*Math.Sin(the-
```

```
                   taError))+SMCGain2* sgn(slidingSurface2,delta2))/(1+deriAlphaToYe*xError);
41.        return angularVelocityInput;
42.     }
43.     public double sgn(double slidingSurface,double delta)
44.     {
45.        return slidingSurface/(Math.Abs(slidingSurface)+delta);
46.     }
47. }
48. //主程序
49. class Program
50. {
51.     static void Main()
52.     {
53.        //设置控制器的参数
54.        double SMCGain1=1;
55.        double SMCGain2=1;
56.        //设置目标速度
57.        double targetLinearVelocity=0.1;
58.        //控制输入
59.        double linearVelocity;
60.        double angularVelocity;
61.        //误差量(全局参考系下)
62.        double xEGlobal;
63.        double yEGlobal;
64.        double oritationEGlobal;
65.        //误差量(局部参考系下)
66.        double xE;
67.        double yE;
68.        double oritationE;
69.        //设置终止条件
70.        double distanceThreshold=0.1;
71.        //参考量
72.        double wR;
73.        double vRDot;
74.        //初始化滑模控制器
75.        SMCController smcController=new SMCController(SMCGain1,SMCGain2);
76.        //创建机器人对象
77.        Robot robot=new Robot(0,0,0);
78.        //获取机器人的当前状态和参考状态
79.        State currentState=robot.RobotState;
80.        State referenceState=getRefState(currentState,globalPath);
81.        State targetState=getTargetState(globalPath);
82.        //SMC 轨迹跟踪
83.        while(calculateDistance(currentState,targetState)>distanceThreshold)
```

```
84.        {
85.            //计算误差量
86.            xEGlobal=referenceState.X-currentState.X;
87.            yEGlobal=referenceState.Y-currentState.Y;
88.            oritationEGlobal=referenceState.Oritation-currentState.Oritation;
89.            //坐标转换
90.             xE=xEGlobal*Math.Cos(currentState.Oritation)+yEGlobal*Math.Sin(current-
                 State.Oritation);
91.             yE=-xEGlobal*Math.Sin(currentState.Oritation)+yEGlobal*Math.Cos(current-
                 State.Oritation);
92.            oritationE=oritationEGlobal;
93.            //获取参考角速度
94.            wR=calculateReferenceW(currentState,globalPath);
95.            vRDot=0;
96.            //计算控制输入
97.             linearVelocity=smcController.calculateLinearVelocityOutput(xE,yE,oritatio-
                 nE,robot.AngularVelocity,targetLinearVelocity);
98.             angularVelocity=smcController.calculateAngularVelocityOutput(xE,yE,oritati-
                 onE,targetLinearVelocity,wR,vRDot);
99.            //控制机器人移动
100.           robot.updateState(linearVelocity,angularVelocity);
101.           //更新机器人状态信息
102.           currentState=robot.RobotState;
103.        }
104.    }
105. }
```

4.3　模糊控制算法

4.3.1　基本原理

模糊控制（fuzzy control）算法是以近代控制理论为基础、建立在模糊集合上的控制理论，它是智能控制的一个重要分支。该算法是以解决复杂的非线性系统问题为出发点，针对无法建立明确数学模型的系统或者多输入多输出的控制问题所研究出的一种新的控制算法。目前，应用于工业的模糊控制器大都由一组模糊规则组成，通过相应的模糊推理逻辑确定控制目的。大量实践表明，模糊控制算法主要适用于对非线性系统或者难以建模的复杂系统的控制，相较于使用精确数学模型的控制算法，模糊控制在具有不确定性模型的系统或高度复杂系统中的应用具有显著的优势。

模糊控制算法基于模糊语言变量、模糊集合论以及模糊逻辑推理来模拟人类的决策控制过程，其控制原理详情如下。

1. 模糊控制器结构

模糊控制器组成主要包括规则库、推理机、模糊化接口以及反模糊化接口。规则库就是由多个If-then条件结果语句组合起来的模糊规则集,目的是将专家的控制经验量化为相应的规则集;推理机也称模糊推理模块,通过模仿专家决策解释与应用推理机制使控制效果达到最佳;模糊化接口将控制器的输入转换成一种能够被推理机处理的模糊量,以便激活并应用规则;反模糊化接口将推理机所推理出的结果转换成实际控制过程所需的输入量。

2. 模糊控制器输入与输出的选择

模糊控制器一般以偏差信号为输入参数,如果偏差较大,并且偏差随着时间延长继续增大,则将控制量加大,使得被控量尽快地跟随参考输入。也就是说,将偏差以及偏差变化率作为决策过程中的输入量,而将受控对象的输入参数作为模糊控制器的输出,以达到理想的控制效果。

3. 模糊化处理

模糊化处理是模糊控制算法中极其重要的一环,模糊化处理将输入参数的精确值转换成对应模糊语言变量值。在这一模糊化处理的过程中,依据不同的分类方法把输入量划分到相应的隶属度函数值所在范围。在实际的操作中,首先将精确量进行离散化处理,也就是将连续的取值划分成几段,每一段对应一个模糊集,其中偏差和偏差变化率的实际范围为变量的基本论域。常用的模糊化处理方法有分段模糊集法、单点形模糊集合法和隶属度值法等。

4. 模糊规则库与推理机

模糊控制器的控制算法是基于技术人员长时间的实践而积累下的经验和丰富的专业知识而设计的,同时依据人类的直觉推理出逻辑规则。通过如If-then、else、also、and、or等关系词表示出一系列规则语句,然后将其组合,形成模糊规则库,该库为推理机在推理时提供所需要的控制规则。推理是在一定的控制策略下,基于模糊控制器的输入量与模糊规则库,完成控制,协调整个系统的过程。常用的推理方法有Mamdani推理法和Sugeno推理法。

5. 反模糊化处理

反模糊化又称去模糊化,是模糊推理算法中最重要的一步,是指将推理机决策出的模糊控制量转化为明确的控制值,作为被控对象的输入值,也就是需要得到由模糊量集合映射到清晰量集合的对应关系。在实际应用中,就是在一个输出范围内找出一个最具代表性的、控制效果最佳的明确的控制值。现今主要被应用的去模糊化方法有重心法、加权平均法及最大隶属度法。

模糊控制算法架构如图4.7所示。

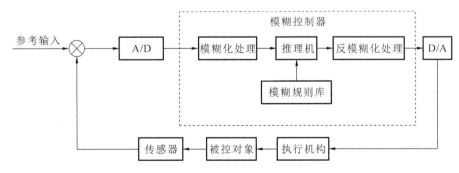

图4.7 模糊控制算法架构

4.3.2 算法案例

模糊控制算法常与其他控制算法结合,此处以模糊 PID 控制算法为例,其算法流程如图 4.8 所示。

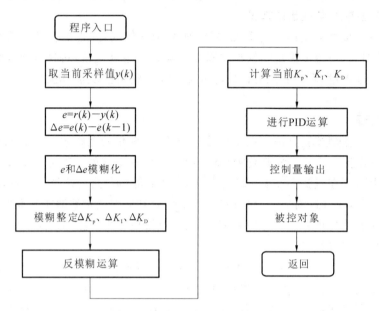

图 4.8 模糊 PID 控制算法流程图

4.4 模型预测控制算法

4.4.1 基本原理

模型预测控制也称为滚动优化控制,它是一个在线优化的控制过程,根据当前时刻和历史时刻的状态量,通过求解优化问题获得满足约束条件的控制量,将该控制量的第一个元素作用于系统中。模型预测控制的优点在于对模型的要求不高,不用精确的模型也能进行较好的控制,它是处理约束问题最有效的方法之一。

模型预测控制的基本原理如图 4.9 所示,在当前时刻 k,预测未来的 N 个状态量,通过求解开环优化问题,获得使代价函数在满足约束的情况下取得最小值的控制量 $U_k^* = \{u^*(k|k), u^*(k+1|k), \cdots, u^*(k+N-1|k)\}$。并将当前时刻的最优控制量 U_k^* 中的第一个元素 $u^*(k|k)$ 作用于被控对象,由于系统中可能存在外部干扰且具有模型不确定性,导致系统的实际输出和预测输出存在误差,因此在 $k+1$ 时刻根据系统当前时刻的状态量重复以上操作,重新预测未来状态并进行优化求解,随着时间不断向前推移,预测时域 N 不变,即称为滚动优化。

模型预测控制的三大基本特点为模型预测、滚动优化和反馈校正。其中模型预测需要一个描述对象的模型,这个模型用来预测系统未来的状态,因此称为预测模型。我们主要关注模型在预测控制中的作用,而不是模型的表达形式。

反馈校正如图 4.10 所示,通过优化求解获得系统未来的控制序列后,由于系统存在模型不确定性或环境干扰,使得预测输出与实际输出可能存在偏差,因此模型预测控制一般不直接把获得的控制序列全部作用于系统,而只将当前时刻的控制量作用于系统。在下一采样时刻,首先测量系统的的实际状态，并利用实际状态值进行修正，然后重新进行优化求解。

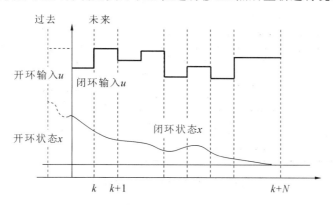

图 4.9　模型预测控制原理示意图

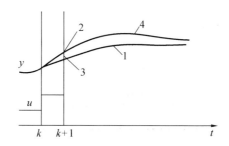

图 4.10　反馈校正示意图

1—k 时刻的预测输出；2—$k+1$ 时刻的实际输出；3—预测误差；4—$k+1$ 时刻校正后的预测输出

模型预测控制的三个步骤分别为：第一步预测系统的未来状态，第二步求解优化问题获得最优解，第三步将最优解的第一个元素作用于系统。这三个步骤需要在每个采样时刻都重复进行，而预测系统的未来状态的起点是当前时刻的测量值，即将每个采样时刻的测量值作为模型预测控制的初始条件。

随着采样时刻不断增加，模型预测控制也不断地进行优化。与离线优化算法不同的是，模型预测控制不是设定一个静止的全局最优化问题，而是随着采样时刻的不断增加，多次在线求解优化问题，获得每个采样时刻的最优解。这也表明了优化求解并不是离线计算，而是反复地在线求解优化问题。

模型预测控制问题的核心是对带约束的目标函数进行最优求解，得到控制时域内一系列控制序列，其中目标函数的标准形式是图 4.11 所示的二次规划问题。

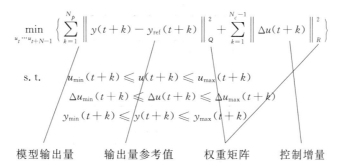

图 4.11　二次规划问题

模型预测控制的原理如图 4.12 所示。

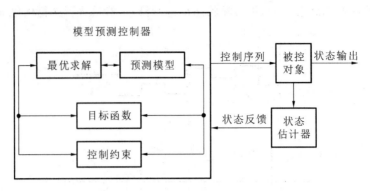

图 4.12 模型预测控制原理框图

4.4.2 算法案例

模型预测控制算法流程图如图 4.13 所示。

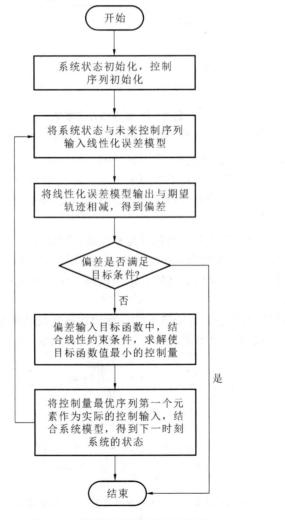

图 4.13 模型预测控制算法流程图

模型预测控制算法代码如下：

```
1.   using System.ComponentModel.DataAnnotations;
2.   using System.Dynamic;
3.   using MathNet.Numerics.LinearAlgebra;
4.   using MathNet.Numerics.Optimization;
5.   using MathNet.Numerics.Optimization.ObjectiveFunctions;
6.   class MPCController
7.   {
8.       //系统动态模型参数
9.       Matrix<double>A;
10.      Matrix<double>B;
11.      //MPC 参数
12.      int horizon;
13.      Matrix<double>Q;     //状态权重矩阵
14.      Matrix<double>R;     //控制输入权重矩阵
15.
16.      public MPCController(Matrix<double>A,Matrix<double>B,int horizon,Matrix<double>Q,Matrix<double>R)
17.      {
18.          this.A=A;
19.          this.B=B;
20.          this.horizon=horizon;
21.          this.Q=Q;
22.          this.R=R;
23.      }
24.      //设置状态矩阵
25.      public void setStateMatrix(double oritationR,double vR,double samplingTime,double deltaR,double Length)
26.      {
27.          A=Matrix<double>.Build.DenseOfArray(new double[,] {{1,0,-vR*Math.Sin(oritationR)},{0,1,vR* Math.Cos(oritationR)},{0,0,1}});
28.          B=Matrix<double>.Build.DenseOfArray(new double[,] {{Math.Cos(oritationR)*samplingTime,0},{Math.Cos (oritationR) * samplingTime, 0},{Math.Tan (deltaR) * samplingTime/Length, vR*samplingTime/Length/Math.Cos (deltaR)/Math.Cos (deltaR)}});
29.      }
30.      //MPC 控制
31.      public Matrix<double>calculateOCP(Matrix<double>stateErrorMatrix,Matrix <double> controlErrorMatrix)
32.      {
33.          //构建优化问题
34.          var problem=new NonlinearObjectiveFunction(x=>
35.          {
36.              double cost=0;
37.              //构建 MPC 优化问题的代价函数
```

```csharp
38.        for(int t=0;t<horizon;t++)
39.        {
40.          cost+=stateErrorMatrix.DotProduct(Q.Multiply(stateErrorMatrix))+control-
             ErrorMatrix.DotProduct(R.Multiply(controlErrorMatrix));
41.          //预测状态误差
42.            stateErrorMatrix=A.DotProduct(stateErrorMatrix)+B.DotProduct(control
             ErrorMatrix);
43.        }
44.        return cost;
45.    },stateErrorMatrix.Count*(horizon+1)+B.ColumnCount*horizon);
46.    //定义优化器
47.    var optimizer=new BfgsMinimizer(1e-5,1000);
48.    //最小化优化问题
49.    var result=optimizer.FindMinimum(problem,controlErrorMatrix.ToArray());
50.    //提取最优控制输入
51.    Vector<double>optimalControlInput=Vector<double>.Build.DenseOfArray(result.
           MinimizingPoint);
52.    return optimalControlInput.SubVector(0,B.ColumnCount);
53.    }
54. }
55. class Program
56. {
57.    static void Main()
58.    {
59.      //设置目标速度
60.      double targetLinearVelocity=0.1;
61.      //控制输入
62.      double linearVelocity;
63.      double angularVelocity;
64.      double delta;
65.      //误差量(全局参考系下)
66.      double xEGlobal;
67.      double yEGlobal;
68.      double oritationEGlobal;
69.      //误差量(局部参考系下)
70.      double xE;
71.      double yE;
72.      double oritationE;
73.      //设置终止条件
74.      double distanceThreshold=0.1;
75.      //参考量
76.      double deltaR;//参考前轮转角
77.      double vR=0.1;
78.      //创建机器人对象
```

```
79.     Robotrobot=new Robot(0,0,0);
80.     //获取机器人的当前状态和参考状态
81.     State currentState=robot.RobotState;
82.     State referenceState=getRefState(currentState,globalPath);
83.     State targetState=getTargetState(globalPath);
84.     //定义 MPC 参数:预测时域和权重矩阵
85.     int horizon=5;
86.     Matrix<double>Q=Matrix<double>.Build.DenseIdentity(2);
87.     Matrix<double>R=0.1* Matrix<double>.Build.DenseIdentity(1);
88.     //初始化系统动态模型参数
89.     Matrix<double>A=Matrix<double>.Build.DenseOfArray(new double[,] {{0,0,0},{0,0,
        0},{0,0,0}});
90.     Matrix<double>B=Matrix<double>.Build.DenseOfArray(new double[,] {{0,0},{0,0},
        {0,0}});
91.     //创建 MPC 控制器
92.     MPCController mpcController=new MPCController(A,B,horizon,Q,R);
93.     //误差矩阵
94.     Matrix<double>stateErrorMatrix;
95.     Matrix<double>controlErrorMatrix;
96.     //控制序列
97.     Matrix<double>controlSignal;
98.     while(calculateDistance(currentState,targetState)>distanceThreshold)
99.     {
100.        //计算误差量
101.        xEGlobal=referenceState.X-currentState.X;
102.        yEGlobal=referenceState.Y-currentState.Y;
103.        oritationEGlobal=referenceState.Oritation-currentState.Oritation;
104.        //坐标转换
105.        xE=xEGlobal*Math.Cos(currentState.Oritation)+yEGlobal*Math.Sin(current-
            State.Oritation);
106.        yE=-xEGlobal*Math.Sin(currentState.Oritation)+yEGlobal*Math.Cos(current-
            State.Oritation);
107.        oritationE=oritationEGlobal;
108.        //计算参考前轮转角
109.        deltaR=calculateReferenceDelta(currentState,globalPath);
110.        //设置状态矩阵
111.        mpcController.setStateMatrix(referenceState.Oritation,vR,currentState.Sam-
            plingTime,deltaR,robot.LengTh);
112.        //计算误差矩阵
113.        stateErrorMatrix=Matrix<double>.Build.DenseOfArray(new double[,] {{xE},{yE},
            {oritationE}});
114.        controlErrorMatrix=Matrix<double>.Build.DenseOfArray(new double[,] {{xE},
            {yE},{oritationE}});
115.        //构建 OCP 并求解
```

```
116.         controlSignal=mpcController.calculateOCP(stateErrorMatrix,controlErrorMa‐
             trix);
117.         //从控制序列中取出第一个量,分别为速度和前轮转角
118.         linearVelocity=controlSignal[1,1];
119.         delta=controlSignal[2,1];
120.         //实际的角速度
121.         angularVelocity=robot.calculateW(delta,linearVelocity,robot.LengTh);
122.         //控制机器人移动
123.         robot.updateState(linearVelocity,angularVelocity);
124.         //更新机器人状态信息
125.         currentState=robot.RobotState;
126.     }
127.   }
128. }
```

4.5 迭代学习控制算法

4.5.1 基本原理

迭代学习控制算法是指不断重复一个同样轨迹的控制尝试,并以此修正控制律,以得到非常好的控制效果的控制方法。迭代学习控制是学习控制的一个重要分支,是一种新型学习控制策略。它通过反复应用先前试验得到的信息来获得能够产生期望输出轨迹的控制输入,以改善控制质量。与传统的控制方法不同的是,迭代学习控制能以非常简单的方式处理不确定度相当高的动态系统,且仅需较少的先验知识和计算量,同时适应性强,易于实现;更主要的是,它不依赖动态系统的精确数学模型,是一种以迭代方式产生优化输入信号,使系统输出尽可能逼近理想值的算法。它的研究对那些非线性、复杂、难以建模以及高精度轨迹控制问题有着非常重要的意义。

迭代学习控制用数学语言描述为:在时间周期$[0,T]$内,已知被控系统的固定期望轨迹$y_d(t)(t\in[0,T])$,设计某种$u_k(t)(t\in[0,t])$,使其输出$y_k(t)(t\in[0,T])$在某种限定条件允许误差范围内比$y_0(t)(t\in[0,T])$更靠近期望响应,其中$k=0,1,2,\cdots$,为迭代次数。如果在$k\to\infty$时,$y_k(t)\to y_d(t)$,那么迭代学习控制是收敛的。

设被控对象的动态过程为

$$\begin{cases} \dot{x}(t) = f(x(t),u(t),t) \\ y(t) = g(x(t),u(t),t) \end{cases} \tag{4.10}$$

输出误差为

$$e_k(t) = y_d(t) - y_k(t) \tag{4.11}$$

迭代学习律研究如何利用当前和以前的运行信息生成下一次迭代运行的控制信号,并在有限时间内沿迭代轴方向逐步实现运行轨迹趋向期望轨迹,直至完全跟踪,即

$$\lim_{k\to\infty} \| y_k(t) - y_d(t) \| = 0, \quad \lim_{k\to\infty} \| u_d(t) - u_k(t) \| = 0 \tag{4.12}$$

一般的迭代学习律可以表示为

$$u_{k+1}(t) = Q \cdot [u_k(t) + L \cdot e_k(t)] \tag{4.13}$$

迭代学习控制原理如图 4.14 所示。

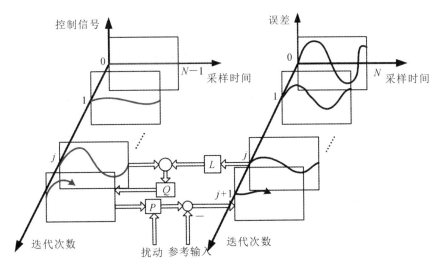

图 4.14　迭代学习控制原理示意图

如果在构造第 $k+1$ 次运行系统的控制量 $u_{k+1}(t)$ 时利用第 k 次跟踪误差信息 $e_k(t)$，则这类方法称为开环结构的迭代学习控制算法：

$$u_{k+1}(t) = u_k(t) + L(t) \cdot e_k(t) \tag{4.14}$$

如果在构造第 $k+1$ 次运行系统的控制量 $u_{k+1}(t)$ 时利用第 $k+1$ 次跟踪误差信息 $e_{k+1}(t)$，则这类方法称为闭环结构的迭代学习控制算法：

$$u_{k+1}(t) = u_k(t) + L(t) \cdot e_{k+1}(t) \tag{4.15}$$

如果控制器包含了 $e_k(t)$ 和 $e_{k+1}(t)$ 两种信息则这类方法称为开闭环迭代学习控制算法。

开环迭代学习控制的结构图如图 4.15 所示。

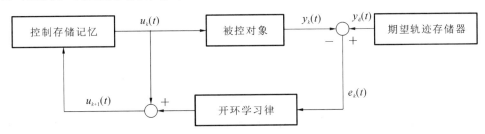

图 4.15　开环迭代学习控制的基本结构图

闭环迭代学习控制的结构图如图 4.16 所示。

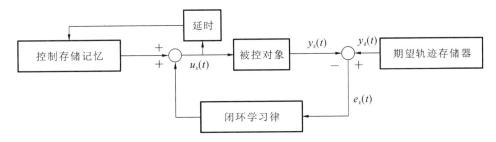

图 4.16　闭环迭代学习控制的基本结构图

迭代学习控制算法在应用时需要满足一些假设条件：

（1）每次运行循环的时间间隔固定,为 $T,T>0$；

（2）期望响应 $y_d(t)(t\in[0,T])$ 是事先给定的；

（3）被控系统在迭代轴上每次运行时拥有相同的初始条件；

（4）被控系统的动力学模型不受控制律影响固定保持不变；

（5）被控系统每次循环迭代运行的输出 $y_k(t)(t\in[0,T])$ 是可测的,跟踪误差为 $e_k(t)=y_d(t)-y_k(t)$；

（6）被控系统是有因果性的,即存在唯一的理想输入 $u_d(t)$ 使得系统的期望状态为 $x_d(t)$,期望输出为 $y_d(t)$。

一般根据算法是否包含当前跟踪误差信息来判断是开环迭代学习控制算法还是闭环迭代学习控制算法。在补偿噪声和非周期性扰动上,闭环控制器更能优化和改善运行稳定性。

迭代学习控制算法的学习律是迭代学习控制算法中最基本的问题。为提高被控系统的跟踪性能,学者对迭代学习控制算法的学习律进行了大量研究,针对不同被控对象提出多种形式的学习律。此处,仅对几种传统的学习律进行介绍。

1. P 型学习律

仅用输出误差信息的比例项来构成输入信号的控制律称为 P 型学习律。最基本的 P 型学习律表达式如下：

$$u_{k+1}(t) = u_k(t) + Le_k(t) \tag{4.16}$$

2. D 型学习律

仅用输出误差信息的微分项来构成输入信号的控制律称为 D 型学习律。最基本的 D 型学习律表达式如下：

$$u_{k+1}(t) = u_k(t) + \Gamma \dot{e}_k(t) \tag{4.17}$$

3. PID 学习律

其学习律表达式如下：

$$u_{k+1}(t) = u_k(t) + \Gamma \dot{e}_k(t) + Le_k(t) + \psi \int_0^t e_k(\tau)d\tau \tag{4.18}$$

值得指出的是,微分系数 Γ、比例系数 L、积分系数 ψ 在 PID 学习律中的作用各不相同。微分项的作用是使系统的动态特性得到改善；比例项的作用是使系统动作灵敏,反应速度加快,稳态误差减小；积分项的作用是消除稳态误差,从而提高系统的控制性能。

4.5.2　算法案例

本小节的学习律采用开环 PD 学习律,其离散形式设计为

$$u_{i+1}(k) = u_i(k) + Le_i(k) + \Gamma \dot{e}_i(k) \tag{4.19}$$

控制算法流程图如图 4.17 所示。

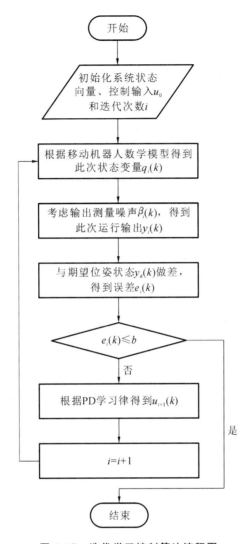

图 4.17 迭代学习控制算法流程图

注:流程图中的阈值 b 为常数,由经验和实验得到。

仿真示例代码如下:

```
1.  using System;
2.
3.  class Program
4.  {
5.    static void Main()
6.    {
7.      //初始化 yd 数组,用于存储移动机器人的期望航向角
8.      double[] yd=new double[301];
9.
10.     //初始化 M 和 N 数组,用于存储期望运动轨迹
11.     double[] M=new double[302];
12.     double[] N=new double[302];
13.
```

```
14.     //初始化B数组,用于存储控制量(前轮转角)
15.     double[,] B=new double[15000,300];
16.
17.     //初始化C数组,用于存储输出航向角
18.     double[,] C=new double[15000,301];
19.
20.     //初始化D和E数组,用于存储实际运动轨迹
21.     double[] D=new double[302];
22.     double[] E=new double[302];
23.
24.     //初始化L数组,用于存储误差绝对值
25.     double[,] L=new double[15000,300];
26.
27.     //初始化U数组,用于存储每次迭代的最大误差
28.     double[] U=new double[15000];
29.
30.     //设置yd数组的初始值
31.     for(int i=0;i<301;i++)
32.     {
33.       if(i<200)
34.         yd[i]=0.5*Math.Sin(Math.PI*i/10)+ 0.3*Math.Cos(Math.PI*i/10);
35.       else if(i>=200 && i<250)
36.         yd[i]=Math.PI/3;
37.       else
38.         yd[i]=1.2;
39.     }
40.
41.     //根据yd数组计算M和N数组的值,即期望运动轨迹
42.     for(int a=0;a<301;a++)
43.     {
44.       M[a+1]=M[a]+3*Math.Cos(yd[a]);
45.       N[a+1]=N[a]+3*Math.Sin(yd[a]);
46.     }
47.
48.     //设置C数组的初始值
49.     for(int k=0;k<15000;k++)
50.       C[k,0]=0;
51.
52.     //根据yd和C数组计算B和C数组的值,即控制量和输出航向角
53.     for(int k=1;k<15000;k++)
54.     {
55.       for(int a=0;a<300;a++)
56.       {
57.         //学习律更新
```

```
58.            B[k,a]=B[k-1,a]+Kp*(yd[a+1]-C[k-1,a+1])+Kd*((yd[a+1]-C[k-1,a+1])-(yd[a]-C[k-1,a]));
59.
60.            //系统函数
61.            C[k,a+1]=C[k,a]+ 3*Math.Tan(B[k,a]);
62.        }
63.    }
64.
65.    //根据 C 数组计算 D 和 E 数组的值,即实际运动轨迹
66.    for(int a=0;a<301;a++)
67.    {
68.       D[a+1]=D[a]+3*Math.Cos(C[999,a]);
69.       E[a+1]=E[a]+ 3*Math.Sin(C[999,a]);
70.    }
71.
72.    //计算 L 数组的值,即误差绝对值
73.    for(int k=0;k<15000;k++)
74.    {
75.        for(int i=1;i<301;i++)
76.        {
77.           L[k,i-1]=Math.Abs(yd[i]-C[k,i]);
78.        }
79.    }
80.
81.    //计算 U 数组的值,即每次迭代的最大误差
82.    for(int k=0;k<15000;k++)
83.    {
84.       double maxError=double.MinValue;
85.       for(int i=0;i<300;i++)
86.       {
87.          if(L[k,i]>maxError)
88.             maxError=L[k,i];
89.       }
90.       U[k]=maxError;
91.    }
92.
93.    //输出 U 数组的前 10000 个元素,即绘制最大误差曲线
94.    for(int i=0;i<10000;i++)
95.    {
96.       Console.WriteLine(U[i]);
97.    }
98.  }
99. }
```

第 5 章　移动机器人柔性生产线工程实践

随着经济的发展和技术的进步,柔性生产线被广泛应用于企业生产中。与传统生产线不同,柔性生产线可以根据生产需求频繁调整布局。因此在柔性生产线中,运动灵活的移动机器人成为主要的运输设备。

本章基于在前几章完成构建的移动机器人数字孪生模型,详细讲解如何在 Unity 中构建一条完整的虚拟柔性生产线,并对移动机器人数字孪生模型进行进一步的完善,最终实现对柔性生产线生产过程的仿真验证,为实际生产线的改进提供参考建议。

5.1　柔性生产线预备知识

建设自动化生产线是提升车间能力的重要手段之一,但是自动化生产线绝不仅是一些加工中心、机器人以及测量设备的简单集成,而是需要通过自动化与信息化的深度结合、合理利用,使得整个自动化生产线真正实现自动化、柔性化乃至智能化。

5.1.1　传统自动化生产线建设模式

传统的产线建设模式基本是先进行工艺梳理,在企业现有生产工艺的基础上进行升级改造,根据自动化相关知识对不适应自动化升级的工艺进行优化,再反映到产线设计规划图中,对设计图进行优化修改,经过多次迭代修正,最终确定产线布局。

当自动化产线建设完毕后,企业以产线为基础,进行相关信息化管理系统建设,例如制造执行系统(MES)、数据采集系统等,这种模式是目前企业中最为常见,也是最为熟悉的建设模式,但这种模式最终容易造成生产线与信息化系统结合度较低的问题,各类软件系统仅起到人工工作数据上传以及设备数据采集的作用。

由于产线已经建设完成,相关生产工艺固化,采集上来的数据也仅供展示查询,无法为现有的产线生产模式提供更好的帮助,因此,自动化与信息化的融合也只停留在表面,无法真正发挥数字化系统的效果,深层次挖掘产线生产能力。

5.1.2　智能柔性自动化生产线建设模式

本小节将以自动化生产线中最为普遍的计算机数控(CNC)柔性加工单元为案例,对智能柔性生产线建设相关思路进行简单说明。

图 5.1 所示是一个典型的 CNC 柔性加工单元方案图,其以一台七轴机器人为搬运设备,三台加工中心为工艺设备,三坐标测量仪为检验设备,传统的自动化建设方式仅对这些标准设备进行集成,简单地利用多台加工中心生产能力的矩阵集成效应,采用横向并联的方式对加工设备进行组合,相较于单台加工中心提升了生产能力,但其实只是将多台设备共同使用,从根本上来说,设备综合效率(OEE)基本没有太大的改变,生产准备、产线换产、物料齐套等待时

间并没有真正缩短。

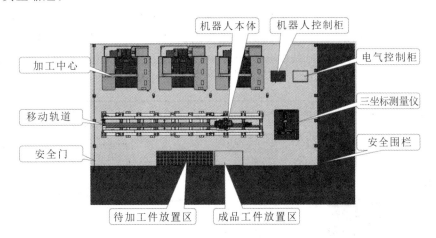

图 5.1 CNC 柔性加工单元方案图

所谓自动化生产线(生产单元)的柔性制造能力,就是使用同一条产线,对工艺具备一定相似性、尺寸在一定范围内的不同产品进行制造加工及装配的能力,产线柔性生产是利用各种设备本身的兼容性,并根据产品更换工装的方式,对多种类产品进行柔性制造的生产模式。军工、航空、航天等特殊行业的产品基本都具有小批量、多种类的特性,而这种生产特性,使得加工任务卡生成以后如何快速响应到产线、产线如何快速换产、生产过程状态如何实时监控以及生成的数据如何正向反作用于产线本身等相关技术问题成为柔性产线建设的核心问题,生产设备的加工能力是恒定的,加工单元只是把生产设备进行了整合,想要真正提高设备利用率,必须通过信息化手段多角度优化各种设备等待时间,这样才能将柔性生产线的生产能力发挥到最大。

5.1.3 基于数字孪生技术的智能生产模式

随着企业数字化与智能化建设的不断完善,由多种信息化手段共同作用形成的数字孪生解决方案已经逐渐成为智能车间建设的重要手段。使用数字孪生技术对车间进行整体数字化升级不仅是将现实映射到虚拟世界,更重要的是需要利用虚拟世界的模型、数据和算法并进行优化、迭代,对现实状态进行预测,从而使虚拟世界对现实世界产生影响,为真实车间以及工厂的生产提供优化分析和调度指挥依据。

数字孪生技术最重要的作用是以虚拟影响现实,数据推动生产。为了实现这项目标,在自动化生产线规划建设初期,就应该以数字孪生为重要技术手段,共同进行产线自动化与信息化的融合规划,若仍采用先进行自动化产线建设、后进行产线数字孪生建设的实现模式,则会面临的最大问题是:产线硬件设备采购、布局已经完成,PLC 控制系统编程、调试也已经固化,那么即使通过数字孪生技术对产线进行了虚拟化构建,产生的数据也无法对现有产线产生较为明显的正向影响。

5.2 柔性生产线仿真系统架构

对于结合数字孪生模型的生产线仿真系统,许多研究将工件的运输过程抽象成数学模型并进行仿真,这简化了系统,但忽略了移动机器人与设备之间的交互,会对仿真结果的可靠性产生影响。

在移动机器人柔性生产线工程实践中,基于数字孪生思想构建的移动机器人虚拟模型可以很好地映射移动机器人实体的生产行为和交互逻辑,使仿真结果更接近实际情况。图5.2显示了结合数字孪生模型的生产线仿真系统架构,它主要由三部分组成:物理层、孪生数据层和虚拟层。

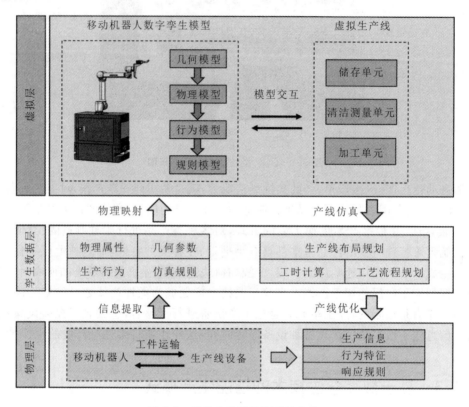

图 5.2 柔性生产线仿真系统架构

5.2.1 物理层

物理层主要由在生产线中进行生产活动的设备组成,包括其物理数据。它是一个客观的实体集合。通过提取物理层的数据,数字孪生模型得以建立起来。

5.2.2 孪生数据层

孪生数据层包括从物理层提取的数据。在这里,物理层的数据被分为四个层次进行分析,分别是几何、物理、行为、规则,并成为在虚拟层建立多维数字孪生模型的基础。同时,根据虚拟层给出的仿真结果,可以测试整个生产过程,计算工时,分析生产线的布局,为生产线布局的优化提供参考。

5.2.3 虚拟层

在虚拟层中,建立了移动机器人数字孪生模型和虚拟生产线。为了更好地映射移动机器人的行为逻辑,数字孪生模型由四个子模型组成。几何模型和物理模型分别映射移动机器人的几何参数和物理属性。在前两个模型的基础上,行为模型映射移动机器人在生产过程中的行为。控制行为模型的规则模型映射生产线中设备的交互逻辑。此外,在虚拟生产线中,其他设备的虚拟模型被建立起来,忠实地再现生产环境。通过移动机器人数字孪生模型和虚拟生产线之间的互动,可以进行生产线的生产活动仿真。

5.3 移动机械臂作业系统数字孪生模型

在前面章节中,我们已经构建了虚拟环境轨迹规划、轨迹优化以及轨迹跟踪全流程,并且实现了与实机通信的移动机器人数字孪生模型构建,但是若想应用于柔性生产线的仿真过程,移动机械臂数字孪生模型仍然需要进一步完善。这可以分为两个部分,分别是机械臂行为模型完善和移动机器人规则模型补充。

5.3.1 机械臂行为模型完善

在前面章节中,我们编写的脚本只考虑了移动机器人底盘的运动,没有涉及移动机器人机械臂的运动,在柔性生产线的生产过程中,移动机器人机械臂的运动是工件运输的重要一环,有必要对移动机器人行为模型进行完善,编写控制机械臂运动的脚本。

1. 移动机器人运动模式分析

在 Unity 中,几何模型各部件的运动可以被分为六种模式:x 轴平移、y 轴平移、z 轴平移、x 轴转动、y 轴转动、z 轴转动。这六种运动模式的组合可以很好地描述模型的任意运动。

如图 5.3 所示,移动机器人采用的机械臂为六轴机械臂,在末端有一由步进电动机驱动的夹持器,机械臂的运动可以看作六个关节绕转轴的旋转运动和夹爪的开合运动。

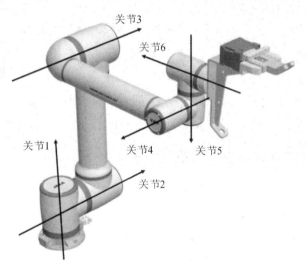

图 5.3 运动机器人机械臂示意图

六轴机械臂的运动学分析是一个复杂的过程,涉及机械臂每个关节的位置和角度的精确计算。运动学分析主要分为正运动学和逆运动学两部分。正运动学通常通过旋转矩阵和位移矩阵变换,依据每个关节的角度来确定机械臂末端执行器的确切位置和姿态,从而表示关节和连杆之间的空间关系。逆运动学根据期望的末端执行器位置和姿态来反算出每个关节应该达到的角度。逆运动学问题通常有多解,这意味着对于同一末端位置,可能有多组关节角度能够实现,通常需要优化算法来选择最合适的解,根据实际工程问题可能需考虑关节限制、碰撞避免和路径规划等实际约束。

2. 构建运动学约束

在将 3D 模型导入 Unity 的时候,虽然模型各个零件的相对位置得到了保留,但是在 SolidWorks 中构建的零部件之间的装配关系全部失效,因此在确定移动机器人主要部件的运动模式后,需要为移动机器人添加运动学约束。

在 Unity 引擎中,对模型的运动学约束一般通过层级关系来实现,如图 5.4 所示,创建空物体,将每个关节的模型分别作为空物体的子物体。移动机器人的层级关系梳理如下:上层的是父物体,下层的是子物体,子物体基于父物体的运动而运动,同时自身的运动不会影响父物体的运动。通过父子关系建立运动学模型的约束,可以较好地映射机械臂的运动。同时,机械臂整体从属于底盘,是底盘的子物体,跟随底盘的运动而运动。

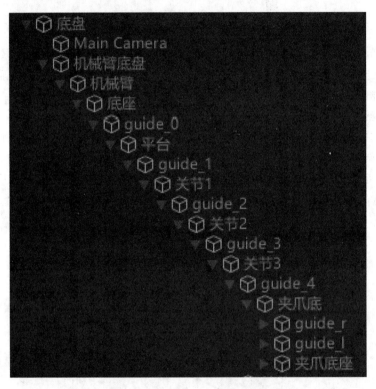

图 5.4　移动机器人父子关系层级图

3. 撰写机械臂运动控制脚本

在完成运动学约束后,通过编写 Unity 基于 C♯语言的脚本进行移动机器人的运动学模型构建,让移动机器人可以在仿真过程中对特定事件进行响应,进而执行相应的动作。

机械臂的运动学模型构建较为复杂,涉及自动路径规划和夹爪夹取判定,因此分为多个脚本来构建运动学模型,各脚本的执行流程和功能如图 5.5 所示。

1) Transform Extension

脚本使用了 Unity 中的 DOTween 插件,对控制模型运动的 Transform 函数进行了拓展。使用 DOTween 插件对 Transform 函数进行拓展,可以让模型的运动更为顺畅。

下面的代码中定义了三个 Transform 拓展函数,以 RotateX 函数为例,该方法允许用户对 Unity 中的任何 Transform 对象进行 x 轴方向的旋转动画作用,并在动画完成后执行某个

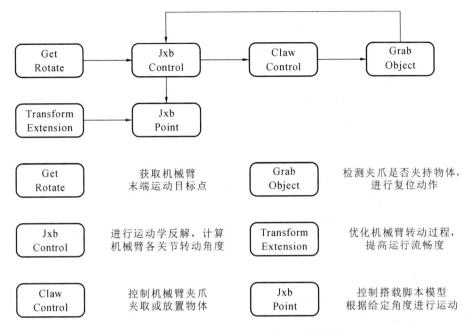

图 5.5　机械臂各脚本执行流程及其功能

操作。

1. using UnityEngine;
2. using DG.Tweening;//引入 DOTween 库,用于简化动画创建过程
3. using System;
4.
5. public static class TransformExtention
6. {
7. 　　//使 Transform 对象沿 x 轴旋转指定角度的方法
8. 　　public static void RotateX(this Transform transform,float x,float duration,Action action)
9. 　　{
10. 　　　　//获取当前 Transform 的欧拉角
11. 　　　　Vector3 my_EulerAngles=transform.eulerAngles;
12.
13. 　　　　//使用 DOTween 创建一个局部旋转的动画。旋转角度是围绕 x 轴的 x 度
14. 　　　　//动画持续时间是 duration 秒
15. 　　　　//动画完成后执行传入的 action 动作
16. 　　　　transform.DOLocalRotateQuaternion(Quaternion.AngleAxis(x,Vector3.right),duration).OnComplete(()=>action());
17. 　　}
18.
19. 　　//使 Transform 对象沿 y 轴旋转指定角度的方法
20. 　　public static void RotateY(this Transform transform,float y,float duration,Action action)
21. 　　{

```
22.      Vector3 my_EulerAngles=transform.eulerAngles;
23.       transform.DOLocalRotateQuaternion(Quaternion.AngleAxis(y,Vector3.up),dura-
         tion).OnComplete(()=>action());
24.     }
25.
26.     //使 Transform 对象沿 z 轴旋转指定角度的方法
27.     public static void RotateZ(this Transform transform,float z,float duration,Action
         action)
28.     {
29.      Vector3 my_EulerAngles=transform.eulerAngles;
30.       transform.DOLocalRotateQuaternion(Quaternion.AngleAxis(z,Vector3.forward),du-
         ration).OnComplete(()=>action());
31.     }
32. }
```

2) Grab Object

在该脚本中创建了一个触发器函数,用于处理触发器碰撞事件。如果当前的夹爪已经完成抓取物体动作,则触发事件,机械臂执行复位动作,恢复到初始位置。代码如下:

```
1.  using System.Collections;
2.  using System.Collections.Generic;
3.  using UnityEngine;
4.
5.  public class GrabObjcet:MonoBehaviour
6.  {
7.     //定义一个 Bounds 类型的变量,用于存储物体的边界信息(在这个脚本中似乎未使用)
8.     Bounds my_Bounds;
9.
10.    //当有 Collider 组件的物体进入触发器时自动调用此方法
11.    void OnTriggerEnter(Collider other)
12.    {
13.      //检查 JxbControler 实例的 Ishold 属性是否为 false
14.      //如果当前没有夹持物体
15.      if(! JxbControler.Instance.Ishold)
16.      {
17.        //则检查进入触发器的物体标签是否为"Player"
18.        if(other.gameObject.tag=="Player")
19.        {
20.          //如果是 Player 标签的物体,则调用 controlclaw 实例的 HoldObjct 方法
21.          //并将进入触发器的物体作为参数传递
22.          controlclaw.Instance.HoldObjct(other.gameObject);
23.        }
24.      }
25.    }
26. }
```

3) Get Rotate

该脚本用于获取机械臂运动目标位置的坐标，并且在不同的情况下控制机械臂的运动，首先判断夹爪是否处于夹持状态，若夹爪夹有物体，则向机械臂输入目标点坐标，执行放下物体的动作；若夹爪未夹持物，则判断目标位置是否有抓取物，若存在抓取物，则执行抓取动作，若不存在抓取物，则机械臂保持静止。具体执行逻辑如图 5.6 所示。

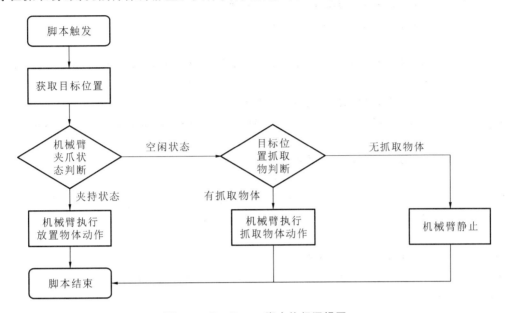

图 5.6　Get Rotate 脚本执行逻辑图

具体代码如下：

```
1.   using System.Collections;
2.   using System.Collections.Generic;
3.   using UnityEngine;
4.
5.   public class GetRotate:MonoBehaviour
6.   {
7.       //Update is called once per frame
8.       void Update()
9.       {
10.      //检测鼠标右键是否被按下(1代表鼠标右键)
11.          if(Input.GetMouseButtonDown(1))
12.          {
13.              //如果鼠标右键被按下,则调用 GetPos 方法
14.              GetPos();
15.          }
16.      }
17.      void GetPos()
18.      {
19.          //从摄像机到鼠标当前位置创建一条射线
20.          Ray ray=Camera.main.ScreenPointToRay(Input.mousePosition);
```

```
21.     RaycastHit hit;
22.
23.     //进行射线投射,检测是否击中任何物体
24.     if(Physics.Raycast(ray,out hit))
25.     {
26.         //检查被击中物体的标签是否为"Player"
27.         if(hit.collider.tag=="Player")
28.         {
29.             //如果击中的是带有"Player"标签的物体,则调用JxbControler的ControlerDownMove方法
30.             //并将击中物体的位置作为参数传递
31.             JxbControler.Instance.ControlerDownMove(hit.collider.transform.position);
32.
33.             //获取并记录被击中物体的位置
34.             float x=hit.collider.transform.position.x;
35.             float y=hit.collider.transform.position.y;
36.             float z=hit.collider.transform.position.z;
37.
38.             //输出被击中物体的位置
39.             Debug.Log("Player Position:"+x+"f,"+y+"f,"+z+"f");
40.         }
41.         else
42.         {
43.             //如果击中的物体标签不是"Player",则记录并输出击中点的位置
44.             JxbControler.Instance.ControlerDownMove(hit.point);
45.
46.             //获取并记录击中点的位置
47.             float x=hit.point.x;
48.             float y=hit.point.y;
49.             float z=hit.point.z;
50.
51.             //输出击中点的位置
52.             Debug.Log("Hit Position:"+x+"f,"+y+"f,"+z+ "f");
53.         }
54.     }
55.  }
56. }
```

4) Jxb Point

该脚本被挂载在机械臂的每一个运动关节定位元件上,通过控制定位元件的转动来控制机械臂关节的转动,并调控运动的速度。在脚本中调用了 Transform Extention 中扩展的 Transform 函数来控制节点的旋转,进而实现机械臂在 x、y、z 轴上的旋转。代码如下。

```
1.  using System;
2.  using UnityEngine;
```

```
3.
4.    public class JxbPoint:MonoBehaviour
5.    {
6.        //枚举类型,用于指定旋转轴
7.        public RotateType RotateType;//判断旋转的方式
8.
9.        //运动的时间
10.       public float Time;//运动的时间
11.
12.       //记录每个节点上一次的移动角度
13.       float curAngle;//记录每个节点上一次的移动角度
14.
15.       //设置角度的方法
16.       public void SetAngle(float angle,Action action)
17.       {
18.           //如果当前角度与传入的角度相同,则直接执行回调函数
19.           if(curAngle==angle)
20.           {
21.             action();
22.           }
23.           else
24.           {
25.             //根据RotateType枚举值确定旋转轴
26.             if(RotateType==RotateType.X)
27.             {
28.                //如果是x轴,则调用RotateX方法
29.                transform.RotateX(angle,Time,action);
30.             }
31.             else if(RotateType==RotateType.Y)
32.             {
33.                //如果是y轴,则调用RotateY方法
34.                transform.RotateY(angle,Time,action);
35.             }
36.             else if(RotateType==RotateType.Z)
37.             {
38.                //如果是z轴,则调用RotateZ方法
39.                transform.RotateZ(angle,Time,action);
40.             }
41.           //更新当前角度
42.           curAngle=angle;
43.           }
44.     }
45. }
```

5) Jxb Control

该脚本通过获取由 Get Rotate 脚本输入的机械臂运动目标位置坐标,来进行运动学反解,计算机械臂要达到目标位置各关节所需转动的角度。脚本的执行逻辑图如图 5.7 所示。

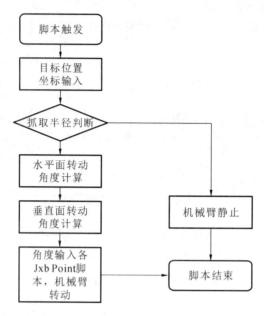

图 5.7 Jxb Control 脚本执行逻辑图

在该脚本中,当获取运动目标位置后,首先进行距离判断,判断目标点是否在抓取范围内,这是通过将机械臂的极限抓取半径与目标点和机械臂底座的直线距离进行比较而实现的。机械臂的极限抓取半径是指当机械臂各关节互相垂直的时候,从机械臂夹爪到底座的长度,这也是机械臂能进行正常抓取的最远距离。

当目标点在抓取范围内时,脚本将进一步执行运动学反解计算。机械臂的运动学反解是一个数学问题,它涉及计算机械臂的关节参数,以使其末端执行器达到预定的位置和方向。这个过程相当于运动学正解的逆过程。在运动学正解中,我们根据已知的关节角度来计算末端执行器的位置和方向;而在运动学反解中,我们已知末端执行器的目标位置和方向,需要计算出实现这一目标所需的关节角度。运动学反解通常更为复杂,可能存在多个解,即有多种关节角度组合能够使末端执行器达到同一位置和方向。解决这一问题的方法包括代数法、几何法、数值解法等。数值解法,如牛顿-拉弗森方法,通常用于解决那些无法简单通过代数或几何方法求解的复杂问题。正确实现运动学反解对于机械臂的精确控制至关重要,特别是在路径规划和自动化任务中。运动学反解的计算分为垂直面和水平面两个部分。

脚本首先执行水平面的转动角度计算,由于水平面的转动是通过底座的转动实现的,因此在计算过程中只需获取目标点到机械臂底座中心点的水平向量,计算其与机械臂垂直面的夹角,便可以获取将机械臂转动至与目标点处于同一垂直面所需的运动角度。

垂直面的计算较为复杂,为了避免多解的情况,在垂直面上,机械臂被简化为一个二连杆,如图 5.8 所示,A、B、C 分别是机械臂的三个关节转动中心,C 点是机械臂夹爪的位置所在。AB 和 BC 分别为机械臂关节 1 转动中心到关节 2 转动中心的长度和关节 2 到关节 4 转动中心的长度,已知道 A 点坐标和 C 点的目标坐标,需要求解 B 点坐标以及 α 和 β。

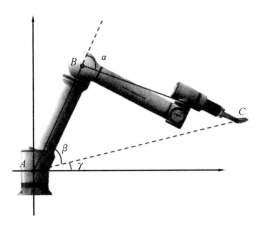

图 5.8 垂直面机械臂角度反解示意图

通过余弦定理,可以求解 β:

$$\beta = \arccos\left(\frac{AB^2 + AC^2 - BC^2}{2 \times AB \times AC}\right) \tag{5.1}$$

同理,α 也可以进行求解:

$$\alpha = 180° - \arccos\left(\frac{AB^2 + BC^2 - AC^2}{2 \times AB \times BC}\right) \tag{5.2}$$

在完成两个关节的转动角度计算后,需要考虑机械臂夹爪的末端偏移问题,由于机械臂末端的运动目标点不是实际的目标点,需要考虑机械臂夹爪长度造成的偏移量,因此在计算中需要减去机械臂夹爪的长度。在抓取过程中,夹爪有两种夹取方式,分别是水平夹取和垂直夹取,在脚本中夹取方式选择水平夹取,因此还要计算机械臂夹爪的旋转角度,这个角度等于向量 $\overrightarrow{BC}$ 和水平面的夹角。

各关节转动角度计算完成后将被存入一个数组变量中并传递到 Jxb Point 脚本,进而通过 Transform 的拓展函数进行模型的运动控制。

具体代码如下:

```
1.   using System;
2.   using UnityEngine;
3.
4.   //创建枚举类,标识在三维空间中绕哪个轴旋转
5.   public enum RotateType
6.   {
7.       X,
8.       Y,
9.       Z
10.  }
11.  public class JxbControler:MonoBehaviour
12.  {
13.      //单例模式的实例
14.      public static JxbControler _instance;
15.
16.      //获取实例的属性
```

```
17.    public static JxbControler Instance
18.    {
19.      get
20.      {
21.        if(null==_instance)
22.        {
23.          //如果实例为 null,则通过 FindObjectOfType 查找 JxbControler 并赋值给_instance
24.          _instance=FindObjectOfType(typeof(JxbControler)) as JxbControler;
25.        }
26.
27.        return _instance;
28.      }
29.    }
30.
31.    //控制器是否持有(hold)的标志
32.    public bool Ishold;
33.
34.    //在 Start 方法中初始化 Ishold 标志
35.    private void Start()
36.    {
37.      Ishold=false;
38.    }
39.
40.    //机械臂的两个部分的长度
41.    public float arm1Long;
42.    public float arm2Long;
43.
44.    //机械臂的偏移量
45.    public Vector3 offset;
46.
47.    //存储机械臂关节点的数组
48.    public JxbPoint[] JxbPoints;
49.
50.    //旋转的数据
51.    //下参考坐标 0,120,0,-26,0,0,0
52.    float[] place0={0,0,0,0,-90,0,0};
53.    //起参考坐标 0,0,0,0,0,-30,0
54.    float[] place1={0,0,0,90,-90,0,0};
55.
56.    //移动机械臂的方法,接收旋转数据、索引和回调函数作为参数
57.    void MoveJxb(float[] data,int i,Action action=null)
58.    {
59.
60.      //设置关节角度,并在动作完成时执行回调
```

```
61.        JxbPoints[i].SetAngle(data[i],()=>
62.        {
63.          i++;
64.
65.          //如果索引超过关节点数组的长度,则执行回调
66.          if(i>=JxbPoints.Length)
67.          {
68.            if(action!=null)
69.            {
70.              action();
71.            }
72.          }
73.          else
74.          {
75.            //递归调用 MoveJxb 方法,继续移动机械臂
76.            if(action==null)
77.            {
78.              MoveJxb(data,i);
79.            }
80.            else
81.            {
82.              MoveJxb(data,i,action);
83.            }
84.          }
85.        });
86.      }
87.
88.      //将机械臂移动到预定义的位置
89.      public void ControlerUpMove()
90.      {
91.        //设置第 6 个关节点的角度为 place1 数组中对应位置的角度
92.        JxbPoints[5].SetAngle(place1[5],()=>{});
93.        JxbPoints[4].SetAngle(place1[4],()=>{});
94.        JxbPoints[3].SetAngle(place1[3],()=>{});
95.        JxbPoints[2].SetAngle(place1[2],()=>{});
96.        JxbPoints[1].SetAngle(place1[1],()=>{});
97.        JxbPoints[0].SetAngle(place1[0],()=>{});
98.      }
99.      public void ControlerDownMove(Vector3 pos)
100.     {
101.
102.       if(GetGetArmAngle(pos))
103.       {
104.
```

```
105.        //旋转点到终点的向量
106.        Vector3 vector=pos- transform.GetChild(0).GetChild(0).position;
107.
108.        place0[1]=Quaternion.LookRotation(vector).eulerAngles.y+180;
109.        place1[1]=place0[1];
110.        //JxbPoints[4].SetAngle(place1[4],()=>{});
111.        MoveJxb(place0,0,()=>{
112.          if(Ishold)//机械爪上是否有物体
113.          {
114.            controlclaw.Instance.GiveUpObjct();
115.          }
116.          else
117.          {
118.            controlclaw.Instance.CloseClaw();
119.          }
120.        });
121.      }
122.    }
123.
124.    bool GetGetArmAngle(Vector3 pos)
125.    {
126.      //起点坐标
127.      Vector3 originPoint=transform.GetChild(0).GetChild(0).GetChild(0).position;
128.
129.      //真实终点向量
130.      Vector3 realEndVec=(originPoint-pos);
131.      //机械爪的偏移向量 7是机械爪臂长
132.      Vector3 offet=new Vector3(realEndVec.x,0,realEndVec.z).normalized*0.40f;
133.      //终点向量
134.      Vector3 endVec=(pos-originPoint)+offet;
135.      //点击点的坐标等于pos
136.      //Vector3 clickPoint=endVec+originPoint-offet;
137.      //平面投影
138.      Vector3 projection=new Vector3(endVec.x,0,endVec.z);
139.      //终点向量和平面投影的夹角
140.      float targetAngle=Vector3.Angle(endVec,projection);
141.
142.      //中间拐点坐标
143.      Vector3 midPoint=retrunVector(originPoint,endVec,arm1Long,arm2Long);
144.      float M=GetAngle(endVec.magnitude,arm2Long,arm1Long);
145.
146.      if(endVec.magnitude<arm2Long+arm1Long && endVec.y>=0)
147.      {
148.        Debug.Log("够得着");
```

```
149.
150.        place0[2]=90- GetAngle(arm2Long,arm1Long,endVec.magnitude)- targetAngle;
151.
152.        place0[3]=180- GetAngle(endVec.magnitude,arm2Long,arm1Long);
153.
154.        place0[4]=HorizontalAngles(midPoint-(endVec+originPoint));
155.
156.
157.        return true;
158.
159.     }
160.     else if(endVec.magnitude<arm2Long+arm1Long && endVec.y<0)
161.     {
162.       Debug.Log("够得着");
163.
164.        place0[2]=(90-GetAngle(arm2Long,arm1Long,endVec.magnitude)+targetAngle);
165.
166.        place0[3]=(180-GetAngle(endVec.magnitude,arm2Long,arm1Long) );
167.
168.        place0[4]=HorizontalAngles(midPoint-(endVec+originPoint));
169.
170.        if(place0[3]>0)
171.        {
172.          place0[4]=-( place0[2]+place0[3]-90);
173.        }
174.        return true;
175.     }
176.     else
177.     {
178.       Debug.Log("够不着");
179.       return false;
180.     }
181.
182.  }
183.
184.  //余弦公式
185.  float GetAngle(float across,float side1,float side2)
186.  {
187.    float angle=Mathf.Acos(((side1*side1)+(side2*side2)-(across*across))/(2*side2*side1))*Mathf.Rad2Deg;
188.    return angle;
189.  }
190.
191.  //计算并返回机械臂末端的位置向量,确保目标点在机械臂的可达范围内
```

```
192.    Vector3 retrunVector(Vector3 self,Vector3 target,float arm1Long,float arm2Long)
193.    {
194.        //计算目标点到机械臂原点的距离(arm3Long)
195.        float arm3Long=target.magnitude;
196.
197.        //检查目标点是否在机械臂的可达范围内
198.        if(arm3Long<arm1Long+arm2Long)
199.        {
200.            //计算目标点在xz平面上的投影
201.            Vector3 projection=new Vector3(target.x,0,target.z);
202.
203.            //计算目标点相对于投影的角度
204.            float targetAngle=Vector3.Angle(target,projection);
205.
206.            //调整角度和z值以确保正确计算
207.            float z=target.y;
208.            while(z<0)
209.            {
210.                targetAngle*=- 1;
211.                z*=- 1;
212.            }
213.
214.            //计算机械臂自身的角度
215.            float selfAngle=targetAngle+GetAngle(arm2Long,arm1Long,arm3Long);
216.
217.            //初始化Y值
218.            float y=0;
219.
220.            //根据自身角度的不同情况计算Y值
221.            if(selfAngle<90)
222.            {
223.                y=Mathf.Tan(selfAngle*Mathf.Deg2Rad)*projection.magnitude;
224.                return new Vector3(target.x,y,target.z).normalized*arm1Long+self;
225.            }
226.            else if(selfAngle>90)
227.            {
228.                y=Mathf.Tan((180-selfAngle)*Mathf.Deg2Rad)*projection.magnitude;
229.                return new Vector3(-target.x,y,-target.z).normalized*arm1Long+self;
230.            }
231.            else
232.            {
233.                y=projection.magnitude;
234.                return new Vector3(0,y,0).normalized*arm1Long+self;
235.            }
```

```
236.        }
237.        else
238.        {
239.            //目标点不在机械臂的可达范围内,返回零向量
240.            return Vector3.zero;
241.        }
242.    }
243.
244.    //计算给定向量在水平面上的角度
245.    float HorizontalAngles(Vector3 vector)
246.    {
247.        //将给定向量投影到水平面(忽略 y 轴)
248.        Vector3 horizontalVector=new Vector3(vector.x,0,vector.z);
249.
250.        //计算给定向量与水平投影的夹角
251.        float angles=Vector3.Angle(vector,horizontalVector);
252.
253.        //如果给定向量在水平面上方,返回负角度;否则返回正角度
254.        if(vector.y>0)
255.        {
256.            return-angles;
257.        }
258.        else
259.        {
260.            return angles;
261.        }
262.    }
263. }
```

6) Claw Control

在该脚本中,定义了机械臂夹爪的执行动画,通过响应 Jxb Control 脚本发出的指令,机械臂执行夹爪闭合或者夹爪打开的动作。

在 Unity 仿真环境中,移动机器人的行为模型可以实现底盘沿着四个方向的基础运动,同时通过输入目标点,可以让机械臂自行判断能否夹取,进而进行运动学反解,控制几何模型执行相应的机械臂动作。行为模型可以较好地映射移动机器人在实际生产线中的行为,并将其反映在 Unity 的仿真环境中,为后续生产线仿真中的数字孪生模型正常运行打下基础。

具体代码如下:

```
1. using UnityEngine;
2. using System.Collections;
3. using System.Collections.Generic;
4. using DG.Tweening;
5.
6. //机械爪控制脚本
7. public class ClawControl:MonoBehaviour
```

```csharp
8.    {
9.        //单例模式
10.       public static ClawControl _instance;
11.       public static ClawControl Instance
12.       {
13.         get
14.         {
15.           if(null==_instance)
16.           {
17.              _instance=FindObjectOfType(typeof(ClawControl)) as ClawControl;
18.           }
19.
20.           return _instance;
21.         }
22.       }
23.
24.       //爪子的两个部分
25.       public Transform Claw1;//爪 1
26.       public Transform Claw2;//爪 2
27.
28.       //开合速度和初始开合距离
29.       float movestep=0.0001f;//开合速度
30.       public float distance=0.05f;
31.
32.       //当前抓取的物体和运动状态标志
33.       GameObject my_holdObjet;//抓取物体
34.       bool isMove=false;
35.
36.       //机械爪状态枚举
37.       enum ClawState {open,close,stop}
38.       ClawState my_clawState;
39.
40.       //属性,用于设置机械爪的状态并触发相应的动作
41.       private ClawState My_clawState
42.       {
43.         get {return my_clawState;}
44.         set
45.         {
46.           my_clawState=value;
47.           if(My_clawState==ClawState.open)
48.           {
49.             //开合状态,启动开合动作
50.             isMove=true;
51.             while(distance<0.05)
```

```
52.        {
53.            distance+=movestep;
54.            Claw1.transform.Translate(new Vector3(0,0,movestep));
55.            Claw2.transform.Translate(new Vector3(0,0,movestep));
56.        }
57.     }
58.     else if(My_clawState==ClawState.close)
59.     {
60.        //关闭状态,启动关闭动作
61.        isMove=true;
62.        while(distance>0)
63.        {
64.            distance-=movestep;
65.            Claw1.transform.Translate(new Vector3(0,0,-movestep));
66.            Claw2.transform.Translate(new Vector3(0,0,-movestep));
67.        }
68.     }
69.     else
70.     {
71.        //停止状态,停止动作
72.        isMove=false;
73.     }
74.  }
75. }
76.
77. //每帧更新
78. private void Update()
79. {
80.    if(isMove)
81.    {
82.       //如果正在运动
83.       if(distance>=0.05f)
84.       {
85.          //如果开合距离达到上限,停止运动
86.          isMove=false;
87.       }
88.       else if(distance<=0.001f)
89.       {
90.          //如果开合距离过小,则认为没有抓到物体,执行相应操作
91.          Debug.Log("没有抓到");
92.          OpenClaw();
93.          //JxbControler.Instance.ControlerUpMove();
94.       }
95.    }
```

```
96.
97.      //按键输入,测试机械爪状态
98.      if(Input.GetKeyDown(KeyCode.B))
99.      {
100.         My_clawState=ClawState.open;
101.     }
102.     if(Input.GetKeyDown(KeyCode.C))
103.     {
104.         My_clawState=ClawState.close;
105.         Debug.Log("没有抓到");
106.     }
107.     if(Input.GetKeyDown(KeyCode.D))
108.     {
109.         My_clawState=ClawState.stop;
110.     }
111. }
112.
113. //打开爪子的方法
114. public void OpenClaw()
115. {
116.     My_clawState=ClawState.open;
117. }
118.
119. //关闭爪子的方法
120. public void CloseClaw()
121. {
122.     My_clawState=ClawState.close;
123. }
124.
125. //停止爪子动作的方法
126. public void StopClaw()
127. {
128.     My_clawState=ClawState.stop;
129. }
130.
131. //抓取物体的方法
132. public void HoldObjct(GameObject Object)
133. {
134.     StopClaw();
135.     my_holdObjet=Object;
136.     Object.transform.SetParent(transform);
137.     JxbControler.Instance.Ishold=true;
138.     JxbControler.Instance.ControlerUpMove();
139. }
```

```
140.
141.    //释放物体的方法
142.    public void GiveUpObjct()
143.    {
144.        OpenClaw();
145.        my_holdObjet.transform.SetParent(null);
146.        JxbControler.Instance.Ishold=false;
147.        JxbControler.Instance.ControlerUpMove();
148.    }
149. }
```

5.3.2 机械臂控制脚本测试

在完成脚本编写后,需要将脚本搭载在 Unity 环境中的模型上,其中 Jxb Point 需要搭载在各关节父物体上,并设置好关节的旋转方向,旋转方向的坐标系是模型局部坐标系,具体参数如图 5.9 所示。

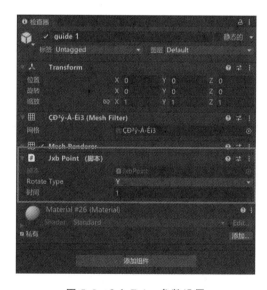

图 5.9　Jxb Point 参数设置

Jxb Control 需要搭载在机械臂的父物体上,具体参数设置如图 5.10 所示。

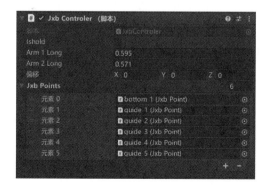

图 5.10　Jxb Control 参数设置

在完成脚本测试后,在 Unity 环境中进行物体抓取测试,在平台上有一黄色方块,该方块即为我们需要的抓取目标。

开始运行场景后,鼠标右键点击黄色方块,如图 5.11 所示,机械臂下降开始抓取动作。

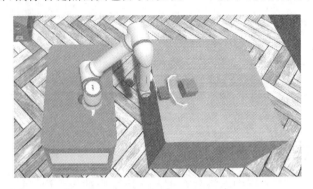

图 5.11　开始抓取

在抓取方块动作完成后,机械臂复位,如图 5.12 所示,恢复到初始位置。

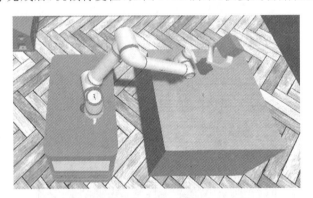

图 5.12　机械臂复位

抓取物体后,移动机器人将物体运输至目标位置,如图 5.13 所示。

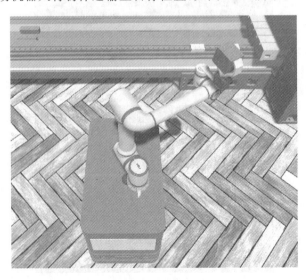

图 5.13　运输物体

在到达指定位置后,点击将要放置物体的位置,机械臂即可自行计算运动角度,将物体放下,如图 5.14 所示。

图 5.14 放下物体

5.3.3 移动机器人规则模型补充

在完成移动机器人数字孪生的几何和行为模型构建后,就得到了一个可以较好反映生产过程移动机器人行为的虚拟模型。但是对于生产线仿真来说,移动机器人数字孪生模型还需要与其他生产线上的设备进行交互,因此在几何模型和行为模型的基础上,需要构建移动机器人规则模型,让移动机器人数字孪生模型在生产线仿真中与其他设备交互时能够及时地执行正确的动作。

1. 生产流程交互对象分类

在生产线仿真中,生产线可以被看作多个最小生产单元的组合。如图 5.15 所示,每一个最小生产单元应该包括两个对象,可以被称为生产者和消费者,生产者和消费者之间的交互是通过工件进行的。

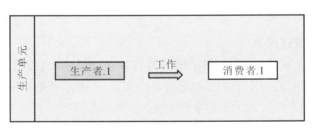

图 5.15 一个典型的最小生产单元

在生产线的生产过程中,工件首先被传递到生产者上进行加工或者运输,当生产者的生产活动完成后,工件才会被传递到下一个设备也就是消费者上,在这个过程中,工件在生产者和消费者之间单向传递。在实际生产线中,前一个生产单元的消费者也将成为下一个生产单元的生产者,这意味着生产线上的每一个设备既可能是生产者也可能是消费者。

2. 生产设备交互状态划分

在确定了最小生产单元的交互对象组成后,需要基于交互对象划分不同的生产状态,来反映实际生产线中生产活动的不同阶段。如图 5.16 所示,在规则模型里,每个对象具备三种不同的生产状态,分别为工作、等待以及空闲。

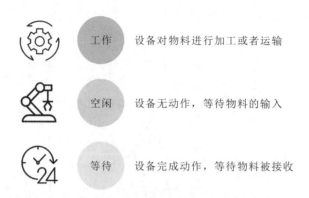

图 5.16 生产线中设备的三种工作状态

1) 工作状态

当对象处于工作状态时,工件将停留在该对象处,进行加工或者运输等生产活动,只有当对象退出工作状态时,工件才能被下一个生产设备接收,进行下一步的生产活动。

2) 等待状态

当对象处于等待状态时,对象已经完成了对当前工件的加工,但下一个生产设备正在进行对工件的加工或者运输,导致工件无法被正常传递,对象无法正常进行下一步的生产活动,直到当前工件被下一个生产设备接收。

3) 空闲状态

当对象处于空闲状态时,对象当前没有可以进行加工的工件,它将等待工件的输入,只有在工件输入后,对象才能退出空闲状态,进入对工件进行处理的加工状态。

对于理想的生产线来说,在生产活动中每个对象都应该处于工作状态。在一个单元中,当生产者加工工件的速度太慢时,消费者将长期处于空闲状态。如果消费者加工工件的速度太慢,生产者将长期处于等待状态。这都将导致生产设备的利用率降低,进而降低生产效率。如果这些情况在某一单元中多次出现,则说明对于当前生产活动而言,生产线的布局不合理,需要进行优化。

3. 生产线仿真交互逻辑建立

根据交互对象和交互状态,将规则模型分为四种交互模式,从而限制交互对象之间的交互,分别是一个生产者对应一个消费者的单对单模式、一个生产者对应多个消费者的单对多模式、多个消费者对应一个生产者的多对单模式、多个生产者对应多个消费者的多对多模式,后三种模式如图 5.17 所示。

1) 单对单模式

在单对单模式中,一个生产者对应一个消费者,工件从生产者线性地转移到消费者。

2) 单对多模式

如图 5.17(a)所示,在单对多模式中,一个生产者对应多个消费者。这时,多个消费者将以不同的优先级进行排序。

3) 多对单模式

如图 5.17(b)所示,在多对单模式中,多个生产者与一个消费者通过工件建立交互联系。这时,多个生产者将被排在不同的先验关系中。只有当高优先级的生产者处于空闲状态或工作状态时,消费者才能从低优先级的生产者那里获得工件。

4) 多对多模式

如图 5.17(c)所示,在多对多模式中,多个生产者对应多个消费者。这时,生产者和消费者都将以不同的优先级进行排序。高优先级的生产者可以优先输出工件,高优先级的消费者可以优先获得工件。

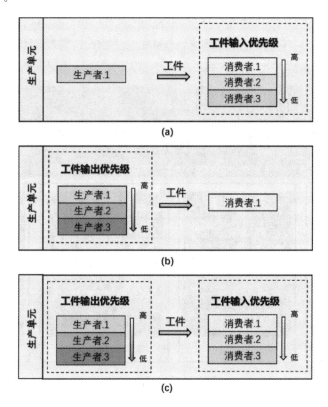

图 5.17 规则模型的三种交互模式概念图

基于构建的规则模型,移动机器人数字孪生模型在仿真生产线中与不同种类和数量的生产设备交互时可以执行正确的动作,而不会陷入混乱,这也是实现生产线仿真的基础。

5.4 柔性生产线仿真系统构建

在完成了移动机器人的数字孪生模型补充完善后,为了验证其合理性,需要在 Unity 中构建仿真环境,因此需要建立虚拟的生产线。

5.4.1 生产线组成单元分类

生产线作为一个庞杂的系统,对全部组成设备进行一一建模显然不现实,因此需要对生产线组成设备分类,将其分为不同功能的最小单元,模块化构建虚拟生产线。如图 5.18 所示,生产线被分为四大组成单元,分别是工件加工单元、清理和测量单元、储存单元以及移动机器人。工件加工单元负责对工件的加工处理,清理和测量单元则是在工件完成加工后对工件进行表面清洁并测量加工精度确认是否入库,储存单元则是进行加工前和加工后工件的储存,在生产过程中移动机器人在这三种单元之间运输工件。首先,移动机器人从储存单元获得需要加工的工件,并且多个移动机器人合作,将工件传送到工件加工单元进行加工。加工完成后,移动机器人抓取工件并将其运送到清理和测量单元,对工件进行清理和标记。最后,在整个加工过程结束后,移动机器人将重新把工件运送到储存单元进行储存。

在仿真过程中,仿真消耗的时间和虚拟生产线中各个设备的状态可以通过脚本输出,通过分析模拟输出数据,我们可以获得生产线布局优化的参考依据。

图 5.18　生产线组成单元分类

5.4.2　虚拟生产线构建

在确定生产线组成单元的主要分类后,接下来将基于 Unity 搭建虚拟生产线,为移动机器人的数字孪生模型提供仿真环境,在仿真过程中,通过编写脚本可以实现虚拟生产线与移动机器人的交互。

在虚拟生产线中包括多种生产设备,如图 5.18 上部所示,在虚拟生产线,涉及生产活动的主要设备包括工件加工单元的数控铣床和数控车床、清理和测量单元的清洗机与激光打标机以及储存单元的储物格栅和传送带。

在加工单元中,如图 5.19 所示,数控铣床和数控车床负责工件的加工处理,在与移动机器人的交互过程中,移动机器人与数控机床间通过机械臂实现工件的传递。在仿真中,数控车床对材料的加工过程被简化,只关注工件加工所消耗的时间。

在加工完成后,移动机器人将加工后的工件运送至清理和测量单元,如图 5.20 所示,清理和测量单元参与加工过程的主要生产设备有超声波清洗机和激光打标机,分别负责工件表面污损的清洁工作和工件尺寸测量以及打标入库的准备工作。

在完成工件入库前的准备工作后,移动机器人将工件运输至储存单元进行工件的入库储存,如图 5.21 所示,储存单元涉及生产活动的设备包括储物格栅和传送带,前者负责工件的储存,而后者则负责运输工件。

图 5.19 工件加工单元的数控车床

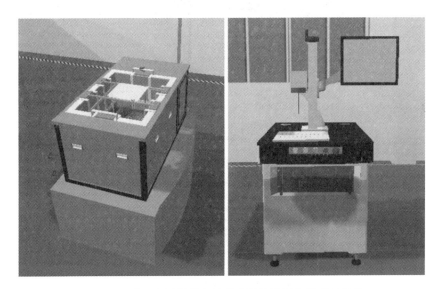

图 5.20 清理和测量单元的超声波清洗机与激光打标机

图 5.21 储存单元的储物格栅和传送带

5.4.3 仿真实例

如图 5.22 所示,在仿真过程中,用户可以以移动机器人为视角,观察到一次完整的生产流程仿真。

仿真流程如图 5.23 所示,包括从储存单元取料,加工单元加工,清理和测量单元进行加工

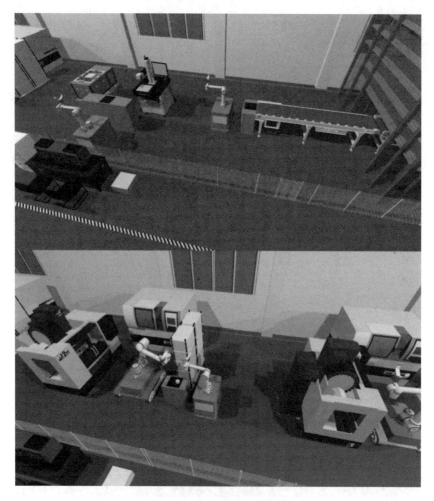

图 5.22 仿真运行过程视图

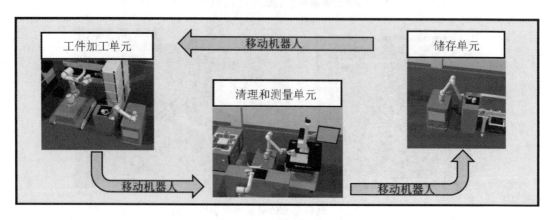

图 5.23 仿真流程图

后工件的入库预处理工作,最后再将工件储存进储存单元的生产全过程。

在加工过程中,移动机器人与各单元生产设备交互顺利,验证了移动机器人数字孪生模型的有效性。

参 考 文 献

[1] 陶飞,刘蔚然,刘检华,等.数字孪生及其应用探索[J].计算机集成制造系统,2018,24(1):1-18.

[2] MIHAI S,YAQOOB M,HUNG D V,et al. Digital twins:A survey on enabling technologies,challenges,trends and future prospects[J]. IEEE Communications Surveys & Tutorials,2022,24(4):2255-2291.

[3] 陶飞,刘蔚然,张萌,等.数字孪生五维模型及十大领域应用[J].计算机集成制造系统,2019,25(1):1-18.

[4] LIU Q,QI X,LIU S,et al. Application of lightweight digital twin system in intelligent transportation[J]. IEEE Journal of Radio Frequency Identification,2022,6:729-732.

[5] TAO Y,WU J,LIN X,et al. Drl-driven digital twin function virtualization for adaptive service response in 6G networks[J]. IEEE Networking Letters,2023,5(2):125-129.

[6] NEWRZELLA S R,FRANKLIN D W,HAIDER S. 5-dimension cross-industry digital twin applications model and analysis of digital twin classification terms and models[J]. IEEE Access,2021,9:131306-131321.

[7] ZHOU Y,TANG J,YIN X,et al. Digital twins visualization of large electromechanical equipment[J]. IEEE Journal of Radio Frequency Identification,2022,6:993-997.

[8] 陶飞,张萌,程江峰,等.数字孪生车间——一种未来车间运行新模式[J].计算机集成制造系统,2017,23(1):1-9.

[9] 庄存波,刘检华,熊辉,等.产品数字孪生体的内涵、体系结构及其发展趋势[J].计算机集成制造系统,2017,23(4):753-768.

[10] 刘大同,郭凯,王本宽,等.数字孪生技术综述与展望[J].仪器仪表学报,2018,39(11):1-10.

[11] 李磊,叶涛,谭民,等.移动机器人技术研究现状与未来[J].机器人,2002(5):475-480.

[12] 徐国华,谭民.移动机器人的发展现状及其趋势[J].机器人技术与应用,2001(3):7-14.

[13] OYEKANLU E A,SMITH A C,THOMAS W P,et al. A review of recent advances in automated guided vehicle technologies:Integration challenges and research areas for 5G-based smart manufacturing applications[J]. IEEE Access,2020,8:202312-202353.

[14] HU C,WANG R,YAN F,et al. Output constraint control on path following of four-wheel independently actuated autonomous ground vehicles[J]. IEEE Transactions on Vehicular Technology,2015,65(6):4033-4043.

[15] 张颖,吴成东,原宝龙.机器人路径规划方法综述[J].控制工程,2003(S1):152-155.

[16] 陶飞,刘蔚然,张萌,等.数字孪生五维模型及十大领域应用[J].计算机集成制造系统,2019,25(1):1-18.

[17] 陶飞,张贺,戚庆林,等.数字孪生模型构建理论及应用[J].计算机集成制造系统,2021,27(1):1-15.

[18] WU Z,CHEN S,HAN J,et al. A low-cost digital twin-driven positioning error compensation method for industrial robotic arm[J]. IEEE Sensors Journal,2022,22(23):22885-22893.

[19] ZHANG Y N,DU Y F,YANG Z H,et al. Construction method of high-horsepower tractor digital twin[J]. Digital twin,2024,2:12.

[20] LEI Z,ZHOU H,HU W,et al. Web-based digital twin online laboratories:Methodologies and implementation[J]. Digital Twin,2023,2:3.

[21] PATLE B K,GANESH BABU L,PANDEY A. A review:On path planning strategies for navigation of mobile robot[J]. 防务技术:英文版,2019,15(4):582-606.

[22] 彭锦城,彭侠夫,张霄力,等.基于改进 Hybrid A* 的旋翼无人机路径规划算法[J].航空科学技术,2022,33(12):105-110.

[23] 巩浩,谭向全,李佳欣,等.基于改进 RRT 算法的移动机器人路径规划研究[J].组合机床与自动化加工技术,2024(1):19-24.

[24] 魏彤,龙琛.基于改进遗传算法的移动机器人路径规划[J].北京航空航天大学学报,2020,46(4):703-711.

[25] FAKOOR M,KOSARI A,JAFARZADEH M. Revision on fuzzy artificial potential field for humanoid robot path planning in unknown environment[J]. International Journal of Advanced Mechatronic Systems,2015,6(4):174-183.

[26] CHEN S P,XIONG G M,CHENG H Y,et al. MPC-based path tracking with PID speed control for high-speed autonomous vehicles considering time-optimal travel[J]. Journal of Central South University,2020,27(12):3702-3720.

[27] ZHENG J,HOU Z. Data-driven spatial adaptive terminal iterative learning predictive control for automatic stop control of subway train with actuator saturation[J]. IEEE Transactions on Intelligent Transportation Systems,2023,24(10):11453-11465.

[28] QIN C,ZHANG Z,FANG Q. Adaptive backstepping fast terminal sliding mode control with estimated inverse hysteresis compensation for piezoelectric positioning stages[J]. IEEE Transactions on Circuits and Systems II:Express Briefs,2024,71(3):1186-1190.

[29] 朱国柱.基于非线性模型预测控制的车辆自动驾驶运动控制算法研究[D].杭州:浙江大学,2023.

[30] 方培俊,蔡英凤,陈龙.基于车辆动力学混合模型的智能汽车轨迹跟踪控制方法[J].汽车工程,2022,44(10):1469-1485.

[31] 倪俭.柔性生产线工艺设计[J].现代制造工程,2002(3):33-34.
[32] 陈运军.基于工业机器人的"智能制造"柔性生产线设计[J].制造业自动化,2017,39(8):55-57,64.
[33] GERSHWIN S B,AKELLA R,CHOONG Y F. Short-term production scheduling of an automated manufacturing facility[J]. IBM Journal of Research and Development,1985,29(4):392-400.
[34] HERRERO-PEREZ D,MARTINEZ-BARBERA H. Modeling distributed transportation systems composed of flexible automated guided vehicles in flexible manufacturing systems[J]. IEEE Transactions on Industrial Informatics,2010,6(2):166-180.
[35] 齐伟,张秀如.基于PLC的柔性自动生产线实验仿真系统的平台设计[J].制造业自动化,2011,33(23):96-98.